Stable Diffusion AI画像生成ガイドブック

編著
今村 勇輔

ソシム

編著者のブログに本書の追加情報を掲載しています。

https://ima.hatenablog.jp/entry/2023/03/30/090000

はじめに

2022年8月23日に、人工知能（AI）による画像の生成は新しい次元に入りました。言うまでもなく、Stable Diffusion（ステーブル ディフュージョン）がオープンソースで公開されたことによるものです。

その前月にはすでに、画像生成AIの別のサービスが始まっていました。これまでとは桁違いに高品質な画像を生成するAIが登場したことに驚く人々は多くいましたが、いずれも有料サービスだったこともあり、話題の広がりは限定的だったように思います。

Stable Diffusionがほかの画像生成AIサービスとまったく違うのは、AIのプログラムやデータをすべて、誰でも自由に使えることでした。パソコンがあれば、家庭でAIに好きなだけ画像を生成させることができるのです。さっそく、Stable Diffusionのフロントエンドとなるプログラムがいくつも登場しました。そんな中で開発のスピードが早く、新機能の取り込みにも積極的だったのがAUTOMATIC1111版Stable Diffusion WebUIです。現在ではこれが、Stable Diffusionで画像を生成するプログラムのデファクトスタンダードとなっています。

Stable Diffusionによって、画像生成AIは世界的にホットなトピックになりました。新しい技術が毎日のように登場していて、この爆発的な進歩がわずか半年の間のこととは信じられないくらいです。

本書はStable Diffusionのしくみや使い道から、AUTOMATIC1111版Stable Diffusion WebUIの使い方を解説しています。画像の生成に使う言葉（プロンプト）の実例も豊富に収録しているため、読者の方が実際に画像生成に取り組む際のヒントになるでしょう。加えて、画像生成AIと著作権法との関係についての弁護士の解説、画像生成AIの現在と将来に関する深津貴之氏へのインタビューも収録しました。

画像生成AIはかわいい女の子のイラストを出力するだけのものではありません。プレゼン資料に入れる写真やSNSのアイコン、ぬり絵まで生成できます。AIで画像を生成するのはとても楽しいのですが、実際に使ってみたことがある人はまだ少ないようです。画像生成AIは決して難しいものではありません。あなたも本書とともに、このわくわくする世界に足を踏み入れてみてください。

2023年3月　今村勇輔

CONTENTS

第1章 Stable Diffusionとは何か

第2章 Stable Diffusion WebUIをセットアップする

第3章 Stable Diffusion WebUIで画像を生成する

第4章 こんな画像を出力するには

第5章 AI生成画像の権利と未来

第1章 Stable Diffusionとは何か

1-1

Stable Diffusionは画像生成AI

画像生成AIのStable Diffusionは、2022年8月に公開され、大きな話題を呼びました。既存の画像生成AIと比較して、Stable Diffusionにはどのような違いがあり、どのような点が優れているのでしょう。

言葉から画像を生成する人工知能

テキストを入力すると、それに合った画像を生成してくれる人工知能（AI）が話題になっています。本書で紹介する「Stable Diffusion（ステーブル・ディフュージョン）」もその1つです。

画像を生成するAIは以前からありました。本物と見分けがつかない画像を出力するAIもあります。しかしそのほとんどは、人の顔の画像を生成するといった単一の目的にのみ使えるAIでした。

リロードするたびに実際の人間にしか見えない画像が生成されるWebサイト「This Person Does Not Exist（この人は実在しない）」（https://thispersondoesnotexist.com/）

2022年以降に登場し、一般の人にも使われるようになった画像生成AIには「拡散モデル」という新しい技術が使われており、テキストを入力すると、それに合った画像を生成します。与える言葉はプログラム言語ではありません。多くは英語のみとはいえ、わたしたちがふだん使っている言葉をそのまま入力できます。テキストから、これまでとは考えられないほどバラエティに富んだ画像を生成できるようになったのです。

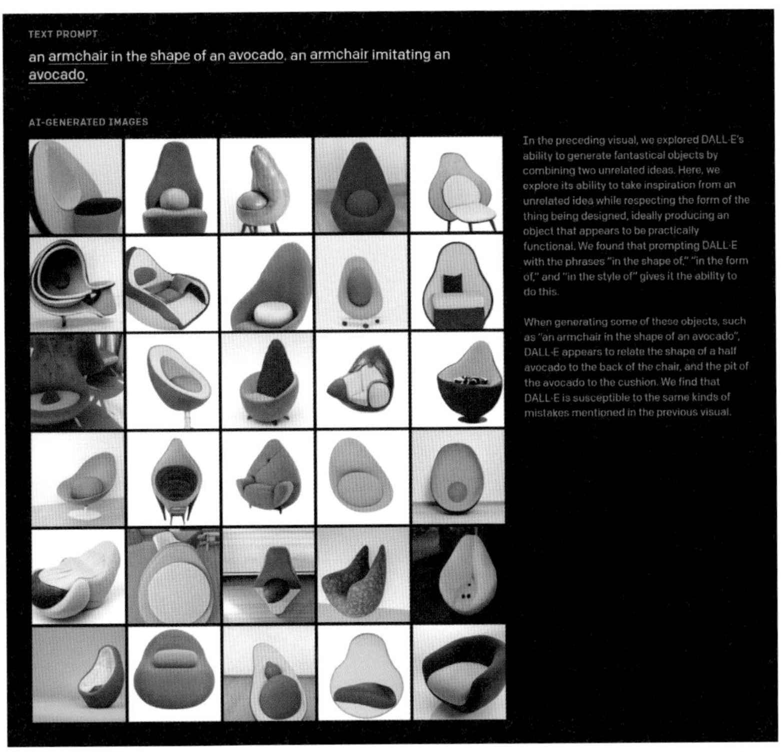

入力したテキストから拡散モデルで画像を生成するAIの端緒となった、OpenAIの「DALL-E」が出力した画像。「アボカドの形をしたひじ掛け椅子」というテキストから多くの画像が生成された（https://openai.com/blog/dall-e/ より）

Stable Diffusionの登場

こうした流れの中で、拡散モデルを採用した画像生成AIの1つとして登場したのが、Stable Diffusionです。Stable Diffusionを開発したStability AI社はAIのオープン化を掲げています。AIを一部の大企業や研究者だけが独占するのではなく、世界中の人が平等に使えるようにするべきだとして、Stable Diffusionをオープンソースで公開しています。

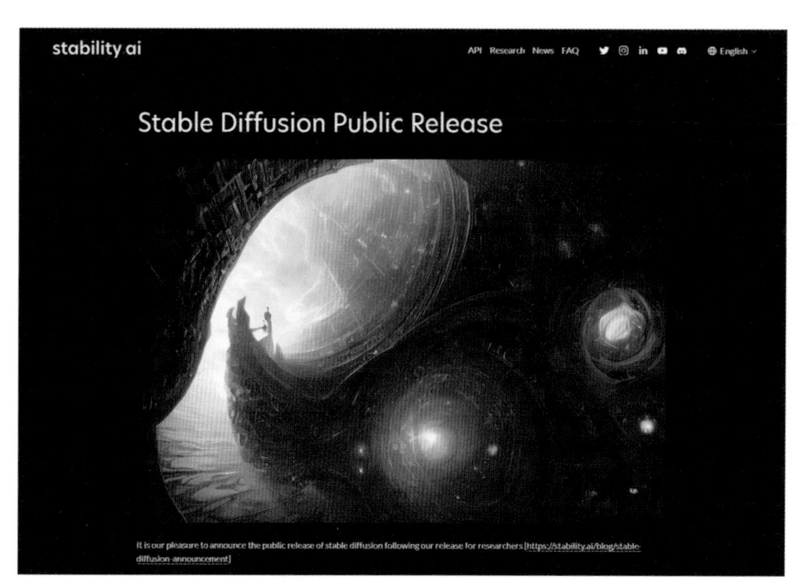

Stable Diffusion の公開を伝える Stability AI のブログ記事（https://stability.ai/blog/stable-diffusion-public-release、2022年8月23日ごろ掲載）

すでに公開されていた他の画像生成 AI は、いずれもユーザーが使用料を支払わないと利用できませんでした。またプログラムは企業秘密であり、ユーザーがこういう機能が欲しいと思っても、開発会社に要望を伝えることしかできなかったのです。

一方、オープンソースのソフトウェアは誰でも自由に無料で利用できます。プログラムの中身もすべて公開されているため、ユーザーが独自に改良しても構いません。開発者と契約を結んだり、使用料を支払ったりする必要はないのです。

Stability AI は今後、音楽や音声、3D モデルやアニメーションを出力する AI をリリースすると発表しています。AI による生成は画像にとどまらず、あらゆる制作物に広がろうとしているのです。

1-2 Stable Diffusionが画像を作るしくみ

Stable Diffusionは、入力した言葉に従って画像を生成するAIの1つです。テキストからどのようにして画像を生成しているのか、しくみを簡単に解説します。

学習モデルにはテキストと画像の特徴がまとめて入っている

入力されたテキストから画像を生成する上で、画像生成AIは巨大な学習モデルを用います。学習モデルとは、画像とその説明（テキスト）がセットになった大量のデータに基づいて、画像の特徴とテキストを結びつけて扱えるようにしたものです。Stable Diffusionのベースとなる学習モデルは、20億枚以上の画像から構築されたといわれています。

学習モデル内では、画像の特徴が抽象化されており、素材の画像がそのまま収められているわけではありません。たとえば「man on the moon（月面の男）」というテキストによって生成された画像を見てみましょう。

左はStable Diffusionが生成した画像、右は実際に月面で撮影された写真（image credit：NASA）

左がStable Diffusionによって生成された画像、右がアポロ11号で撮影された月面の宇宙飛行士の写真です。とてもよく似ていて、AIが右の写真を学習し、それに基づいて画像を生成したことは明らかです。しかし2枚はまったく同じではなく、影の形や宇宙服のディテール、全体の色合いなどが異なります。AIは元の写真を切り貼りしているのではなく、写真の特徴に基づいて新たな画像を生成しているのです。

どのような画像が生成されるかの傾向は、学習元となった画像や、学習の際の調整で異なります。Stable Diffusionの公式学習モデルと、Bit192 Labsというプロジェクトが公開している学習モデルの2つを使って、「月面の男」の画像をいくつか出力してみました。学習モデルによって結果の傾向が大きく変わることがわかるでしょう。

上段はStable Diffusionの公式学習モデルによって生成された画像、下段はBit192 Labsが構築した「でりだモデル」（推奨のネガティブプロンプトを追加）によって生成された画像

ノイズを除去する「拡散モデル」のAIが画像生成の要

ただし、Stable Diffusionの学習モデルが、テキストから直接画像を生成するわけではありません。テキストを入力された学習モデルが提供するのは、画像の特徴です。その特徴に基づいて、実際に画像を作り上げるのは画像生成AIの役割なのです。

「拡散モデル」は、画像生成AIの手法の名称です。拡散モデルのAIは、画像に加えられたノイズを少し除去して、きれいな画像に戻す訓練を積んでいます。

AIにはまず、出力する画像の特徴の情報とともにランダムなノイズの画像が与えられます。画像の特徴が「猫の顔」だったとしましょう。AIはノイズだけの画像が猫の顔の特徴を持った画像だと教えられます。するとAIは、画像のノイズの中から猫の顔らしい特徴を見出します。実際は単なるノイズだけの画像に、「この画像はもともと、ここが目鼻、ここが耳になっている猫の画像で、それにノイズが加えられている」というように判断するのです。

そして元の画像に戻るよう、ノイズを少し除去します。ノイズだらけだった画像は、猫の顔の特徴を少し備えた画像になりました。

その画像を改めて、「猫の顔」という特徴とともにAIへ渡します。AIは同様に、猫の顔の特徴を持つ画像にノイズが加えられていると判断して、ノイズをもう少し除去します。

画像生成AIは、こうした処理を繰り返すことで、ノイズだけだった画像を猫の顔の画像にするのです。

拡散モデルのAIによって、ノイズの中から画像が取り出されていく過程。右端の画像になるまでノイズの除去を22回くり返した

▶画像生成AIは学習元の写真をコラージュしていない

画像生成AIは、既存の画像を学習したデータから新しい画像を生成します。このことから、画像生成AIは他人が著作権を持つ画像をそのままコラージュしているという誤解が根強くあります。

AIが画像の生成に利用するのは学習元の画像そのものではなく、学習元の画像の特徴を抽象化した情報だけです。

Stable Diffusionの公式の学習モデルは約4GB（43億バイト）あります。20億枚の画像の特徴がこの中におさめられているとしたら、1枚あたりの情報量はわずか2バイトです。このことからも、学習モデルに学習元の画像そのものが含まれていないことがわかるでしょう。

また日本においては、ネット上に公開された画像を画像生成AI向けに学習させることは著作権法で認められています。詳しくは第5章を参照してください。

1-3 Stable Diffusionのデモページで画像を作ってみる

Webサービス上でも、Stable Diffusionによる画像生成は可能です。ユーザー登録や複雑な設定をしなくても、単語を入れて少し待てば画像を作り出してくれるのです。さっそく使ってみましょう。

Stable Diffusionのデモページで画像を生成する手順

Webサービス上のStable Diffusionによる画像生成を体験してみましょう。Webブラウザで以下のURLへアクセスします。スマートフォンのブラウザでも構いません。

Stable Diffusion Demo
`https://huggingface.co/spaces/stabilityai/stable-diffusion`

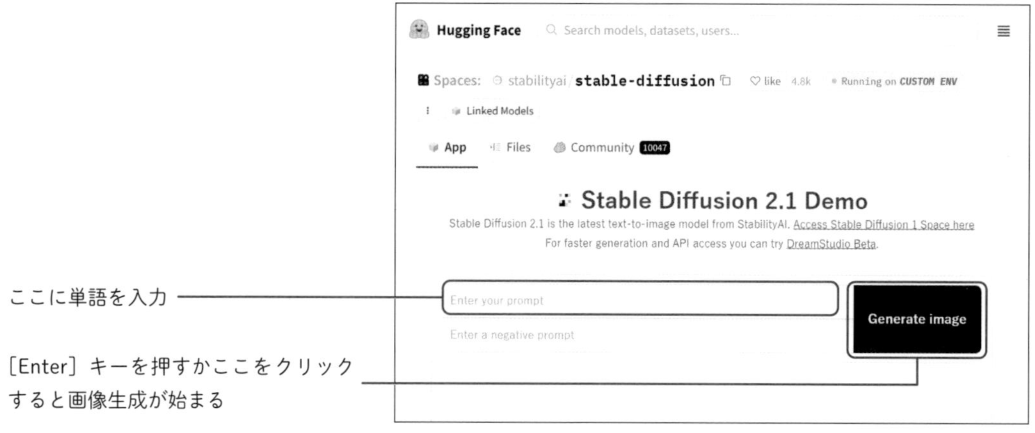

Stable Diffusionのデモページ

これは、Stable Diffusionの開発元であるStability AIが提供しているデモページです。「Enter your prompt」欄に「beach」と入力してみましょう。この「beach」はStable Diffusionにどんな画像を生成するかを伝える言葉で、「プロンプト」と呼ばれます。

本書ではプロンプトを、その日本語訳を含めて **beach | 砂浜** のように表記します。

［Enter］キーを押すか、「Generate image」のボタンをクリックすると、画像生成が始まります。右上には経過時間と所要時間が表示されます。

画像を生成中の様子。プロンプト入力欄の下が左から右へグレーに変化していく

生成された砂浜の画像。通常4枚の画像が表示される

数十秒で砂浜の画像が4枚出てきました。作られる画像の内容は写真か絵かも含めてランダムで、必ずしもこれと同じ画像が出力されるわけではありません。ただ、出力されるのは確かに砂浜の画像です。

「Enter your prompt」欄に入力されているプロンプトの beach｜砂浜 を、 sunset｜夕方の beach｜砂浜 にして生成してみるとどうなるでしょうか。単語と単語の間には半角スペースを入れます。

単語を増やすと、生成される画像もそれに応じて変化する

夕焼けに包まれた砂浜の画像が出ました。先ほどとは異なる砂浜が夕陽に照らされています。

さらに単語を加えて、 sunset｜夕方の beach｜砂浜 couple｜カップル silhouette｜シルエット というプロンプトにしてみましょう。

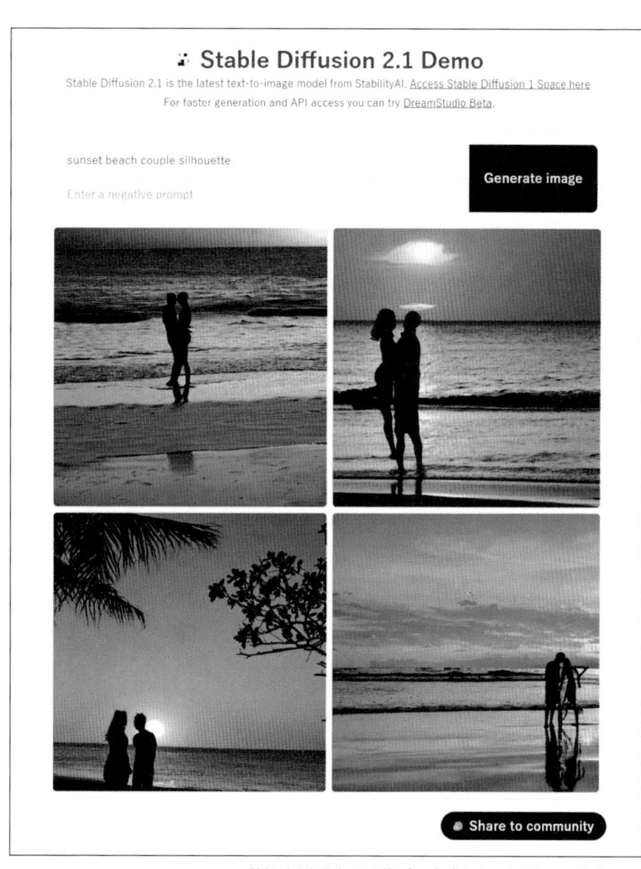

状況を説明する言葉が、生成される画像に反映される

夕焼けの砂浜で、シルエットになったカップルが寄り添っている画像になりました。

次は言葉を追加するだけでなく、ほかの言葉にしてみましょう。beach｜砂浜をmountain｜山にしてみるとどうでしょうか。入力するプロンプトはsunset｜夕方の mountain｜山 couple｜カップル silhouette｜シルエットとなります。

場所を示す言葉を変えると、生成される画像もその通りになる

夕焼けやシルエットになったカップルは変わらず、場面が砂浜から山の上に変わりました。

ほかに思いついた単語があれば試してみてください。単語を変えずにもう一度生成すると、同じ内容で異なる画像が出てきます。

また、このページの下部にはプロンプトの例がいくつか掲載されています。この内、「A high tech solarpunk utopia in the Amazon rainforest」をクリックするとプロンプトの入力欄に転記され、次のような画像を生成できます。

プロンプトの下の欄に入力された「low quality」はネガティブプロンプトです。プロンプトが「このような画像」を指定するのに対し、ネガティブプロンプトは「そうでない画像」を指定します。詳しくは第3章で解説します（→89ページ）。

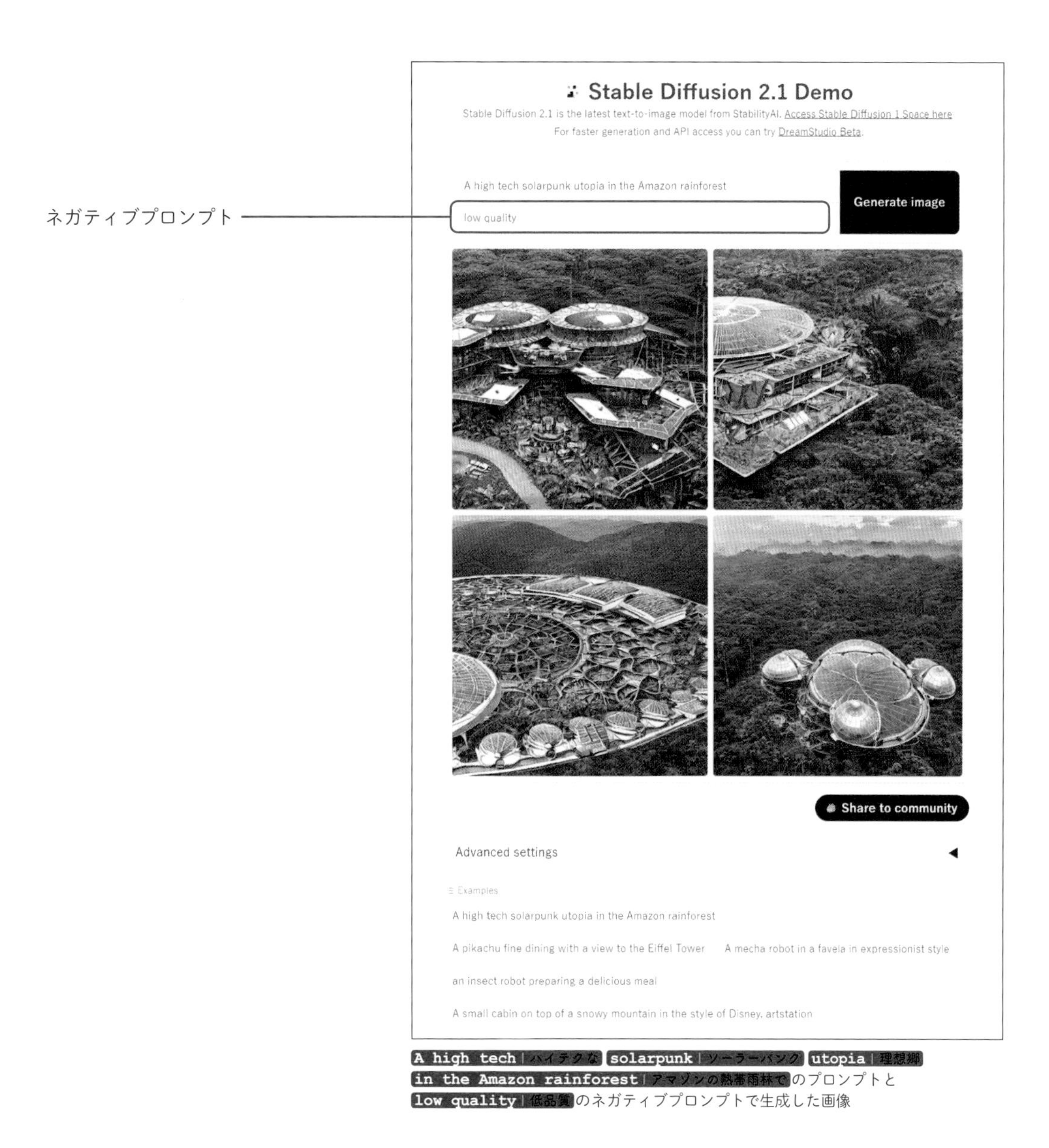

A high tech｜ハイテクな solarpunk｜ソーラーパンク utopia｜理想郷 in the Amazon rainforest｜アマゾンの熱帯雨林でのプロンプトと low quality｜低品質のネガティブプロンプトで生成した画像

Stable Diffusionではこのように、どのような画像にしたいかを言葉で表現すると、プロンプトに基づいて画像を生成してくれます。プロンプトの描写を細かくするほど、詳細な画像の生成が期待できるのです。

プロンプトの書き方については、第4章で詳しく解説します。

エラーが出たときはもう一度

画像を生成させようとするとエラーが出て、処理が始まらないことがあります。

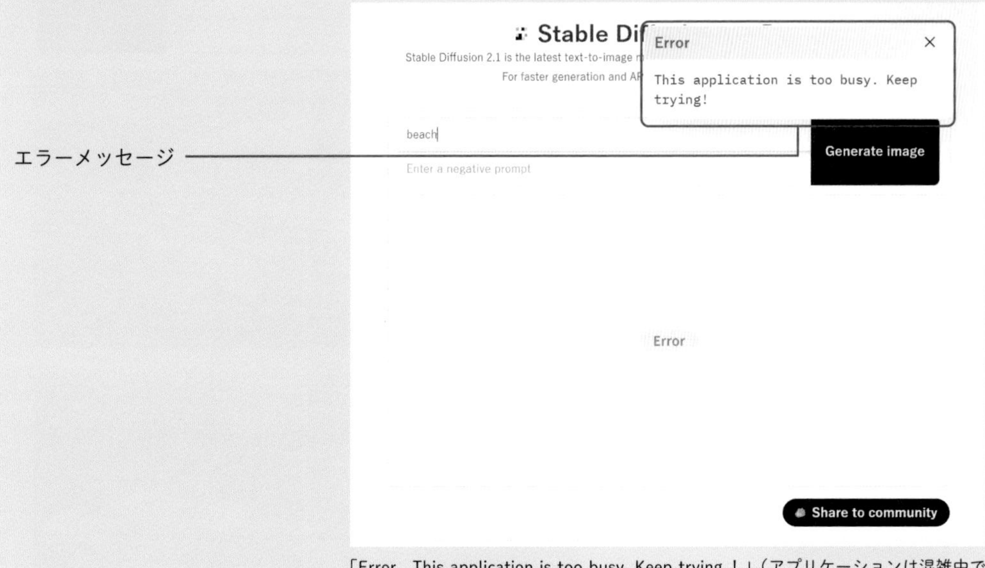

「Error　This application is too busy. Keep trying！」（アプリケーションは混雑中です。続けてください）と出た

Web サービス上の画像生成サイトへのアクセスが多すぎると、しばしばこのエラーが出ます。エラーが出たときには、画像の生成が始まるまで、何度か［Enter］キーを押すか「Generate image」のボタンをクリックしてみてください。

Stable Diffusionの公式学習モデルで生成した画像は商用利用が可能

Stable Diffusion に出力させた画像の権利は誰にあるのでしょうか。公式の利用規約は「CreativeML Open RAIL-M」というライセンス名で以下の URL に掲載されています。

https://huggingface.co/spaces/CompVis/stable-diffusion-license

ここには、Stable Diffusion公式の学習モデルで生成した画像に対して開発元は権利を主張せず、商用を含めて自由に利用できるととれる内容が書かれています（正確な内容は原文を参照してください）。

日本の著作権法に照らすと、ユーザーが吟味したプロンプトで生成した画像であれば、出力した画像の著作権はユーザーに帰属すると考えられます。つまり、Stable Diffusionの公式学習モデルで生成した画像は出力したユーザーに著作権があり、そのユーザーが商用も含めて自由に使える一方、ほかの誰かが勝手に使うことはできないのです。

著作権法適応の詳細については、第5章「弁護士が解説する画像生成AIと著作権」（→246ページ）を参照してください。

1-4

テキストからの画像生成、画像とテキストからの画像生成

Stable Diffusionにプロンプトを入力すると、プロンプトに基づいて画像が生成されることはわかりました。Stable Diffusionにはテキストから画像を作る機能だけでなく、画像とテキストから新たな画像を作成する機能もあります。

「txt2img」と「img2img」がStable Diffusionの基本機能

Stable Diffusionの機能は、「txt2img」（テキスト・トゥー・イメージ）と「img2img」（イメージ・トゥー・イメージ）の2つに分けられます。

txt2img

入力されたテキスト（＝プロンプト）から画像を出力します。前節でプロンプトを入力して画像を生成したのはtxt2imgの機能です。

img2img

入力された画像とプロンプトから、新たな画像を出力します。

それぞれ、どのようなものかを解説しましょう。

テキストから画像を作るtxt2img

txt2imgはプロンプトから画像を出力する機能です。「AIによる画像生成」というと、こちらを想起する方が多いのではないでしょうか。

txt2imgでは、どのような画像を出力したいのかについて、頭の中でイメージを細かく描写し、プロンプトやそのほかのパラメータを調整して試行錯誤することになります。

以下の画像は、`man`｜男 `in a trench coat`｜トレンチコートを着た `and fedora hat`｜中折れ帽をかぶった `running`｜走っている `rainy`｜雨 `night city`｜夜の街 `neon lights`｜ネオンサイン `oil painting｜油絵 というプロンプトで生成したイラストです。txt2img では、画像の中心は何か、中心は何をしているか、どのような場面か、写真なのかイラストなのか、どのような表現なのか、などをテキストで指示して画像を生成します。

どのような人が
トレンチコートを着て帽子をかぶった男が

何をしている
走っている

どんな場所で
雨が降りネオンが輝く夜の町で

画像そのものの属性
油絵

txt2img の概要。言葉から画像を生成する

画像とテキストから新たな画像を作るimg2img

プロンプトの文字だけから画像を生成する txt2img に対して、img2img は Stable Diffusion に画像とプロンプトを入力することで、新たな画像を生成する機能です。

入力するのは、例えば以下のような画像です。

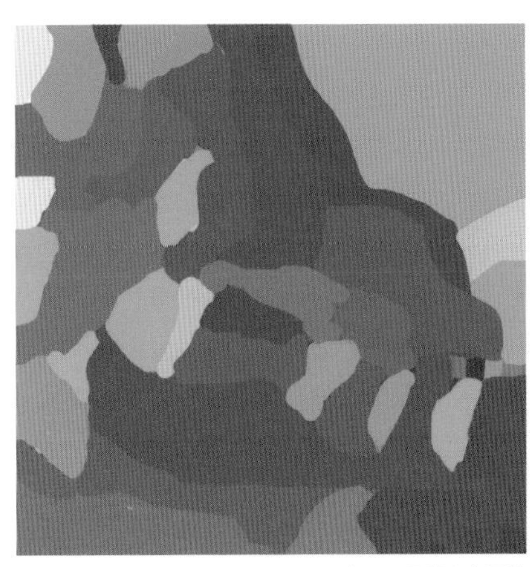

img2img のために用意した画像

これをもとに異なる画像を出力してみます。与えたプロンプトは一方が huge cumulonimbus | 大きな入道雲、もう一方が photo of mountain | 山の写真 といったものです。

結果はこのようになりました。

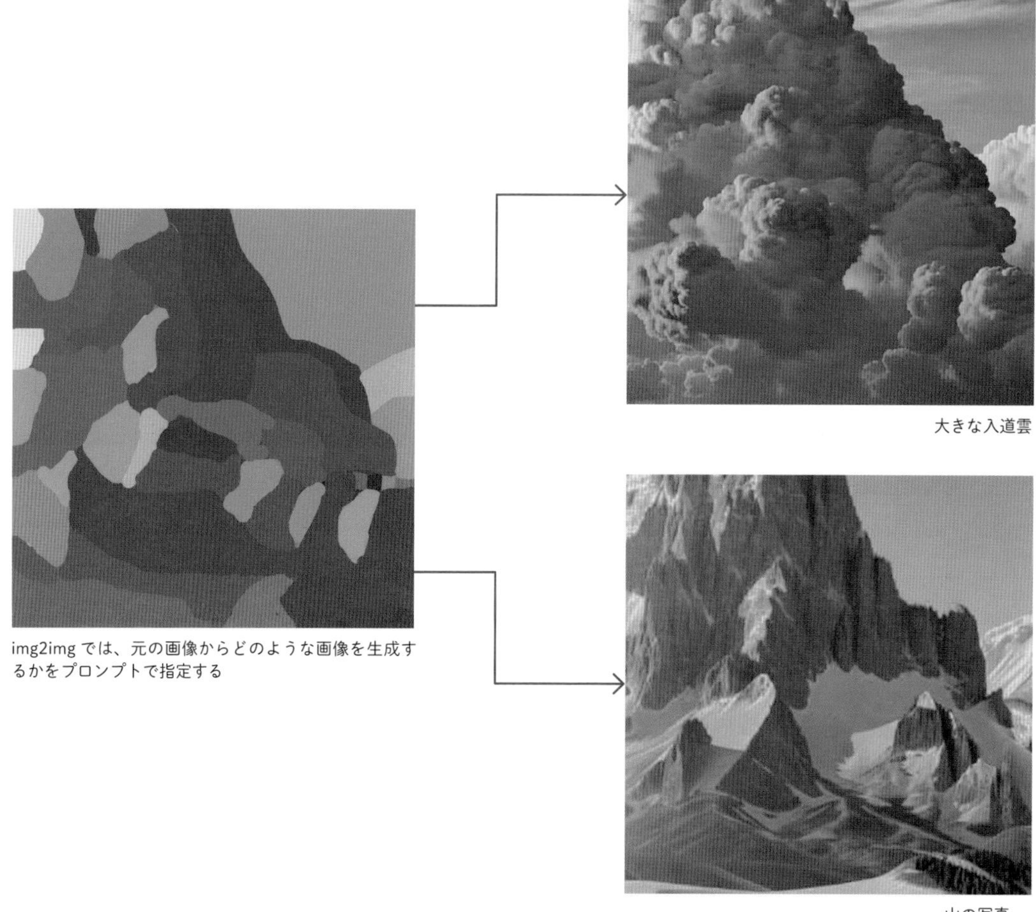

img2img では、元の画像からどのような画像を生成するかをプロンプトで指定する

大きな入道雲

山の写真

元の画像の色合いや色分布を維持しつつ、一方は大きな入道雲、もう一方は山の写真になりました。

また Stable Diffusion の機能には、画像の一部を新たな画像に置き換えるものもあります。この機能は、img2img を利用して画像の一部だけを差し替えたいときに使います。

雲の画像の一部をマスクし、そこを blimp | 飛行船 のプロンプトで描き直してもらいましょう。ポイントは、飛行船がマスクの形にぴったり沿っていないことです。マスクをきっちり描かなくても、マスク内の飛行船が描かれない領域は AI が判断して背景を残してくれます。

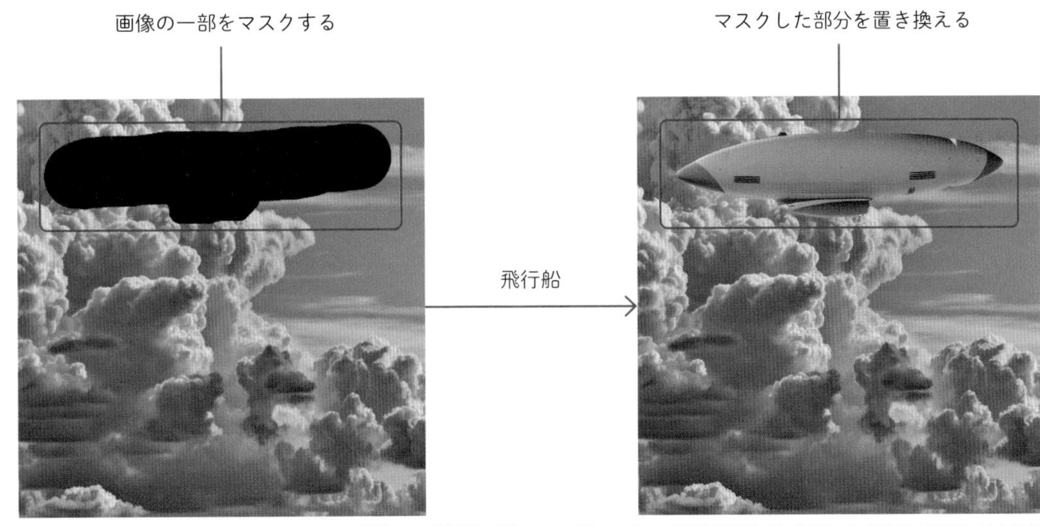

元の画像の一部を別の画像にする例。マスクの形状が厳密でなくてもAIがうまく処理してくれる

img2imgのこれらの機能については、第3章で解説します。

1-5 こんなことにも使える Stable Diffusion

画像生成AIの使い道は、風景や人物の画像を作ることだけではありません。ここでは、Stable Diffusionをいろいろな目的で利用する例を紹介しましょう。

デザインのアイデア出し

Stable Diffusionは、デザインのアイデア出しに使うことも可能です。

デザインを考える上では、デザインの完成形をたくさん見ることも重要です。例えば、ファッション雑誌の表紙をStable Diffusionで作成してみましょう。使っているのは `fashion magazine`｜ファッション誌 `cover`｜表紙 といったプロンプトです。求める色合いや雰囲気をプロンプトに加えれば、こうした方向性の画像を出力できるのです。

さまざまなテイストのファッション誌を出力

次に、ニット帽をかぶった女の子の写真を出力してみましょう。使ったプロンプトは、`head`｜頭 `of girl`｜女の子の `with knitted hat`｜ニット帽をかぶった `navy blue and white`｜紺色と白 です。

いろいろなデザインのニット帽をいくらでも出力できる

以下は、animal｜動物 of embroidery｜刺繍のというプロンプトで出力した画像です。

「動物の刺繍」というシンプルなプロンプトでバラエティ豊かな画像が出力される

このように大量に出力した画像の中から、イメージに合うものを選ぶことで、デザインのアイディア出しに使えるのです。特に、Adobe Stockやshutterstockといった画像素材サイトなどであまり提供されていない画像については、Stable Diffusionで作成するのが有効ではないでしょうか。

3Dモデル用のテクスチャを出力する

3DCGの制作では、しばしば立体モデルに画像を貼り付けてリアルに見せます。貼り付ける画像は「テクスチャ」と呼ばれ、1種類のテクスチャ画像をタイルのように並べて敷き詰めれば、データ量を節約できます。

河原の石や板の壁などを撮影してきてテクスチャ画像にする場合、並べても不自然にならないよう写真を手作業で加工する必要があります。

Stable Diffusionを使えば、こうした作業を軽減できます。Stable Diffusionによる画像生成プログラムには、テクスチャに使える画像を出力できるものがあるからです。同じ画像を並べても不自然にならないよう、調整済みの画像を出力してくれるのです。

テクスチャ画像として使えるよう、上下左右が自然につながるものとして出力された画像

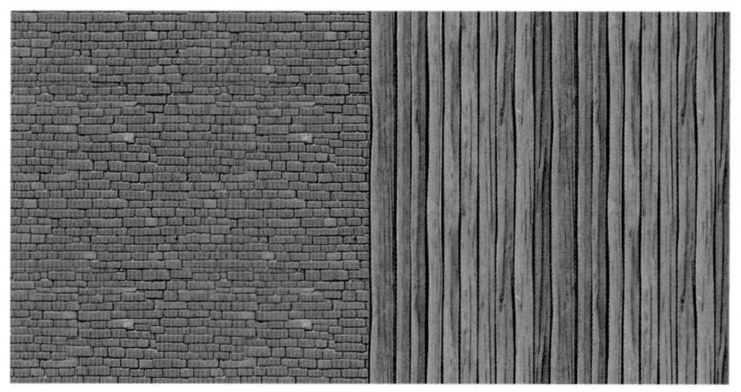

出力された画像をつなげてみたもの。自然につながって見える

Stable Diffusionは、画像の奥行きを推測して深さ情報を表す画像を出力することもできます。元の画像と深さ情報の画像を3DCGソフトに読み込むと奥行きがあるテクスチャとして扱うことができ、さらにリアルな表現が可能になります。

テクスチャ用の画像（左）と、その奥行き情報の画像（右）

画像の奥行き情報をもとに生成した立体視の画像（平行法）

ぬり絵を作る

以前、IT系ニュースメディアの「ITmedia」に「お絵かきAI、育児で活躍"無限塗り絵"に4歳も夢中」●という記事が掲載されました。この記事では、画像生成AIで子供向けにぬり絵を生成している様子を扱っていました。画像生成AIはテーマと画風を与えれば画像を無限に生成してくれます。画像生成AIを使えば、ぬり絵好きでぬり絵をどんどん消費するお子さんがいる家庭でも、塗る絵がなくなって困ることはないでしょう。

● https://www.itmedia.co.jp/news/articles/2211/24/news104.html

ぬり絵の出力では、出力したい内容に `coloring sheet`｜ぬり絵 `monochrome`｜白黒 `line style`｜線のスタイル といったプロンプトを追加します。

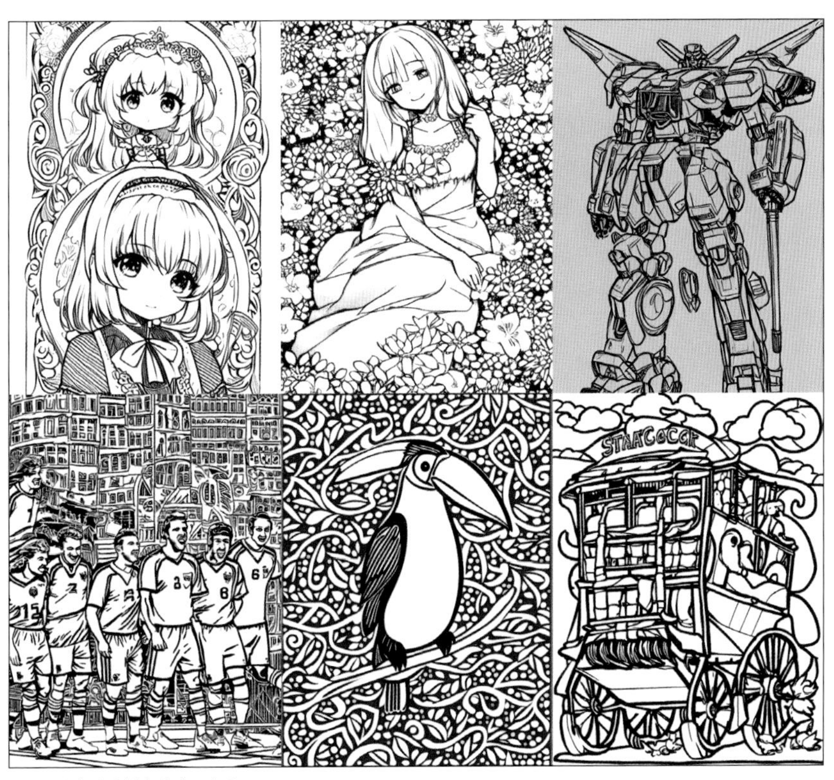

いろいろなぬり絵を出力できる

1-6 Stable Diffusionを用いたサービスやプログラム

Stable Diffusion はオープンソースのプロジェクトで、さまざまな企業や開発者がStable Diffusion を用いたサービスやプログラムを提供しています。ここではその一部を紹介しましょう。

公式デモページ

16ページで紹介したStable Diffusion のデモページです。ブラウザから無償でtxt2imgを利用できます。
「Advanced settings」という項目をクリックすると調整できるパラメータが表示されますが、ここで指定できるのは「Guidance Scale」という、プロンプトにどの程度忠実な画像を生成するかの指標のみです。

▶ Stable Diffusion Demo（txt2img）
`https://huggingface.co/spaces/stabilityai/stable-diffusion`

Stable Diffusion の開発元が提供している公式のデモページ

PC上でStable Diffusionの実行環境を作る

Stable Diffusion のデモページは、ブラウザを使ってインターネットを介して利用するサービスです。この場合、Stable Diffusion のプログラム本体はネット上のサーバにあり、画像はサーバ上に生成されます。

これ以外にも、PC 上で動作させることができる Stable Diffusion のプログラムもあります。それが本書で解説する「AUTOMATIC1111版 Stable Diffusion WebUI」です。本書では略して、「SD/WebUI」と呼ぶことにしましょう。

SD/WebUI は非常に多機能なプログラムで、複数のパラメータを変えながら画像を連続して生成したり、プロンプトの一部を強調したりできます。また拡張機能をインストールすることで、機能の追加も可能です。

SD/WebUIをPC上で動作させるには、相応の性能を持ったPCが必要になります。詳しくは57ページで解説します。

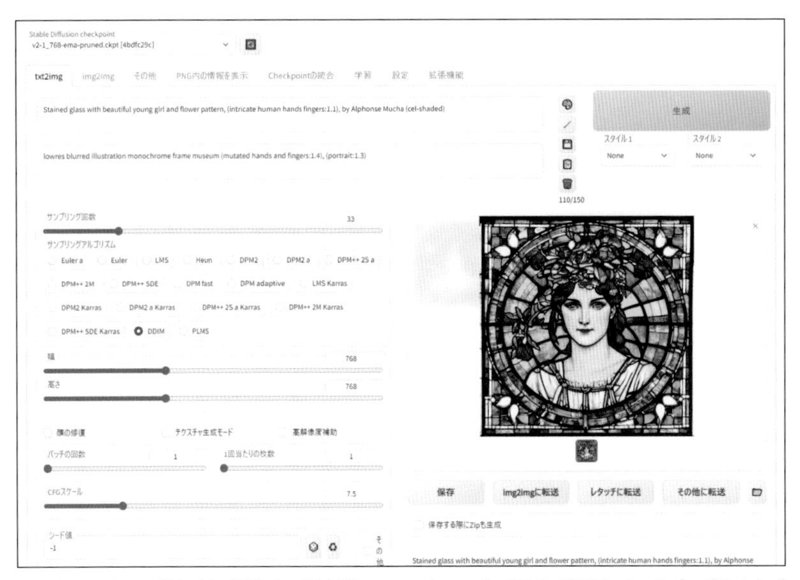

AUTOMATIC1111版 Stable Diffusion WebUIのフロントエンド。PC上で動作しているプログラムをブラウザから操作する

Google ColaboratoryでSD/WebUIを実行する

パソコンの性能が十分でない場合、Web上のサービスである「Google Colaboratory」からSD/WebUIを起動する方法もあります。

Google ColaboratoryはGoogleがAI研究者のために提供している、Pythonというプログラミング言語の実行環境です。利用時間に制限がありますが無料で使うこともできます。

Google Colaboratoryの詳細と、そこからSD/WebUIを起動する方法は70ページから解説します。

SD/WebUIをGoogle Colaboratory上で実行している様子。ブラウザから行う操作の画面は前項と同じ

DreamStudio

Stable Diffusionの開発元であるStability AI社は、Stable Diffusionの機能を有料でも提供しています。それがWebサービスのDreamStudioです。

DreamStudio

https://beta.dreamstudio.ai/dream

ユーザー登録すると画像を100枚程度生成できるクレジットが与えられ、クレジットを使い切ったら、追加のクレジットを購入する利用モデルです。

DreamStudioの特徴は画像の生成が早いことで、4枚出力するのに10秒もかかりません。これと同じ生成速度をPC上で実現するには10万円以上のビデオカードが必要になるでしょう。

30ページの公式デモページよりも画像生成のパラメータを細かく指定できるほか、生成した画像のパラメータ保管機能もあります。

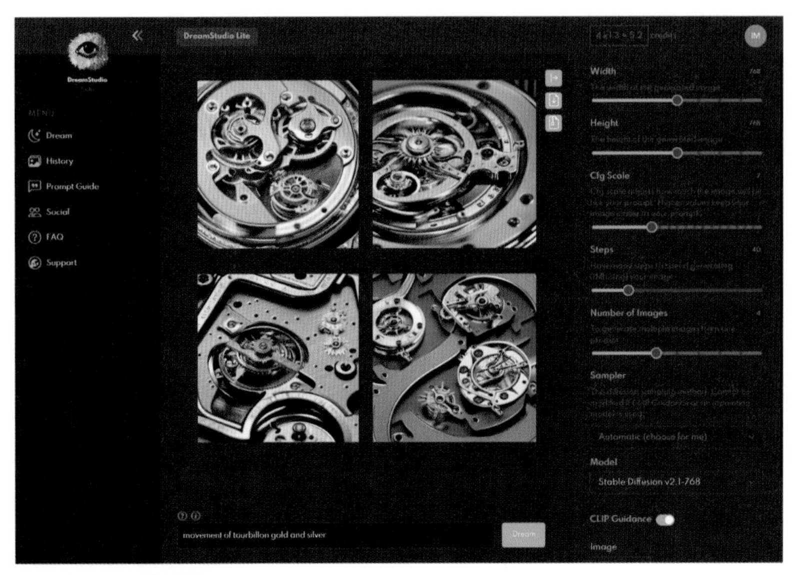

DreamStudio の利用画面

Mage

Ollano Inc. が提供している Stable Diffusion の実行環境が Mage です。

Mage
https://www.mage.space/

Mage は Stable Diffusion 公式の学習モデルで画像が生成できるサービスであり、ログインすると最新の学習モデルを利用できるだけでなく、より細かなパラメータを調整できるようになります。

さらに月額の料金を支払うと、学習モデルをより多く利用したり、画像の生成を早くしたりすることも可能です。

画像の生成にネガティブプロンプトを指定できるほか、画像をもとに画像を生成する img2img を利用できるのも特徴です。img2img では、背景部分や前景部分の自動選択機能を利用できます。

出力した画像はパラメータも含めて保存され、公開／非公開を選択できます。Mage はまた、公開されている画像に「いいね」をつけたり、ほかのユーザーをフォローしたりできる SNS 的な要素も備えています。

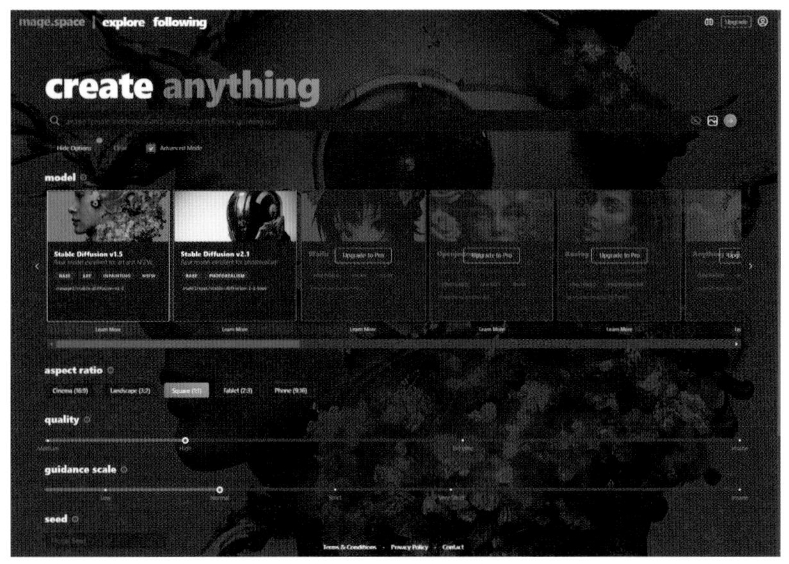

ログインすると使えるようになるMageのアドバンスドモード

Memeplex

プログラマの清水亮氏が開発しているMemeplexは、プロンプトを日本語で入力できるサービスです。

Memeplex.app
https://memeplex.app/

プロンプトを入力するだけでなく、画風、スタイル、作風の3つをプルダウンメニューから選択できます。すべてのプロンプトを言葉で入力する必要がなく、手軽に多彩な画像を生成させることが可能です。

Memeplexもネガティブプロンプトの指定や、img2imgでの画像生成が可能です。またMageと同様、ほかのユーザーが生成した画像に「いいね」をつけたり、ギャラリーのページからほかのユーザーをフォローしたりといったSNS的な機能も備えています。

月額や年額の料金を支払うサブスクリプションに登録すると、ユーザーが用意した画像に基づいて新しい学習モデルを生成する機能などを利用できます。

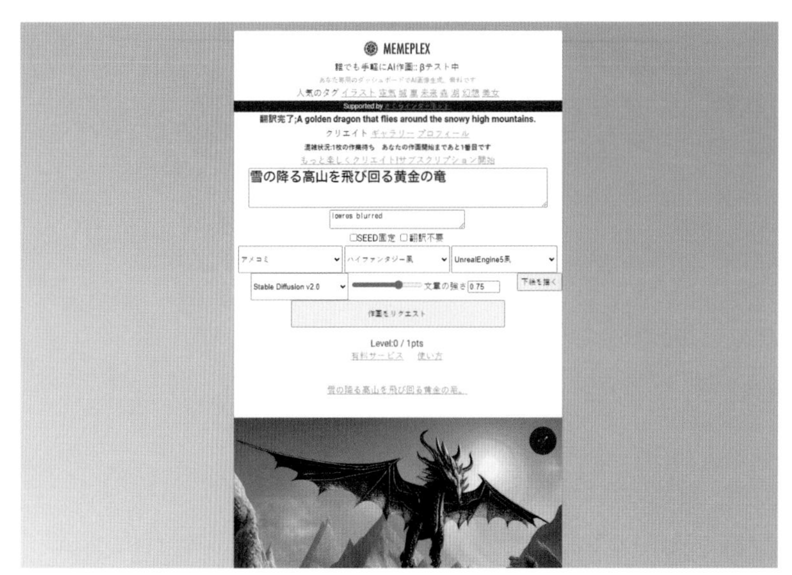

日本語で入力したプロンプトは翻訳されてから画像生成AIに渡される

お絵描きばりぐっどくん

お絵描きばりぐっどくん
https://page.line.me/877ieiqs

西海クリエイティブカンパニーが提供する「お絵描きばりぐっどくん」は、LINEがユーザーインターフェースになっている、珍しい画像生成AIサービスです。LINEのアプリで「お絵描きばりぐっどくん」を友達登録し、メッセージとしてプロンプトを日本語で送信するとimg2imgで画像が返信されます。

画像の生成にかかる時間は5秒ほど。2023年1月時点では1日に2枚の画像生成が可能です。月額使用料を支払うと1日に作れる画像の枚数に制限がなくなるほか、画像の生成が早くなります。

お絵描きばりぐっどくんではプロンプトを日本語で送ることもできる

AIピカソ

AI Picasso
https://aipicasso.studio.site/

AI Picassoが提供する「AIピカソ」はStable Diffusionを使い、日本語のプロンプトで画像を生成できるスマートフォンアプリです。Stable Diffusionのtxt2img機能だけでなく、img2img機能の利用も可能である点が特徴でしょう。

また、プロンプトのほか、「いらすとや風」といった「スタイル」で画風を指定できます。

AI Picasso上で画像を3枚ほど生成すると、広告を視聴するか、サブスクリプションに加入するかを選ぶダイアログボックスが出てきます。月額、または年額のサブスクリプションに加入すると生成枚数の制限がなくなり、指定できるスタイル数を増やすことができます。

「AI ピカソ」の実行画面

「いらすとや風」のスタイルで生成した画像

TrinArt（とりんさまアート）

Bit192 Labs が提供している「とりんさまアート」は、Stable Diffusion の公式モデルを独自に調整した学習モデルを用いる画像生成サービスです。AI で小説を自動生成するサービス「AI のべりすと」のためのさし絵生成機能としてリリースされました。そのような経緯もあって、「とりんさまアート」はキャラクターや雰囲気のある背景イラスト作成に向いています。

TrinArt とりんさまアート

https://ai-novel.com/art.php

とりんさまアートを Web 上で利用するのは有料ですが、Twitter 上でとりんさまアートの画像生成機能を試すことができます。

Twitter で「@trinsama お絵かき プロンプト」とツイートしてしばらく待つと、プロンプトに従って生成された画像が、「とりんさま AI」（@trinsama）から自分へのメンションとしてツイートされるのです。

とりんさまアートのタイトルページ

とりんさま AI に対して「トマトが飛び交う東京ドームのコンサート」とメンションして生成された画像

また、とりんさまアートで以前使われていた「でりだモデル」などの学習モデルは無償で公開されており、Stable Diffusion上での利用が可能です。

▶でりだモデル
https://huggingface.co/naclbit/trinart_derrida_characters_v2_stable_diffusion

NovelAI Diffusion

「AIのべりすと」と同様、AIに小説を生成させるサービス「NovelAI」を運営するAnlatanが、2022年10月3日にリリースしたのが、有料の画像生成サービス「NovelAI Diffusion」です。

▶NovelAI
https://novelai.net/

NovelAI Diffusionの学習モデルには日本のアニメやマンガの絵を集中的に学習させてあります。そのため、こうしたジャンルであればごく簡単なプロンプトで高品質なイラストを出力します。

一方で、NovelAI Diffusionの学習元となった画像集積サイトには他サイトから転載された画像だけでなく、商業誌や同人誌のスキャンなども多数アップロードされています。NovelAI Diffusionは、著作権上問題があるサイトの画像を学習しており、批判も集めています。

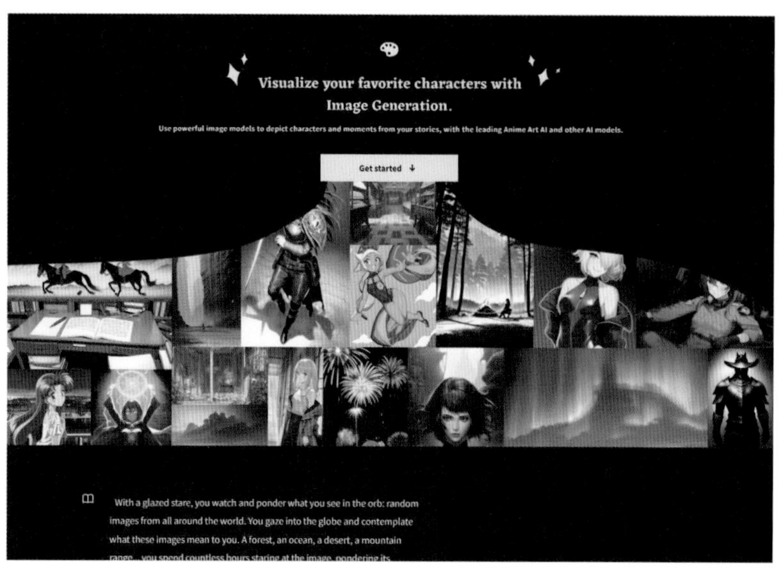

NovelAIのトップページにある、画像作成機能を案内するセクション

Photoshopのプラグイン

ここからは、画像処理ソフトやペイントソフトなどのアドオンとして提供されているStable Diffusionの実行環境を紹介します。

まずAdobe Photoshop向けのプラグインとして、AbdullahAlfaraj氏が開発する、オープンソースの「Auto-Photoshop-StableDiffusion-Plugin」を紹介しましょう。これはSD/WebUIがインストールされたPCで動作するプラグインであり、Photoshopのパネルから SD/WebUIに接続して画像を生成できます。

txt2imgやimg2imgの機能のほか、既存画像の外側に新しく画像を生成するアウトペインティングなども可能です。

Auto-Photoshop-StableDiffusion-Plugin

`https://github.com/AbdullahAlfaraj/Auto-Photoshop-StableDiffusion-Plugin`

Photoshop で編集中の画像に Stable Diffusion で生成した画像を直接追加することが可能

Adobe 自身も将来的に、Stable Diffusion のような画像生成 AI を Photoshop に組み込むと発表しています。「AI のニューウェーブが Adobe Creative Cloud に到来」という以下の記事では、「AI はアプローチの異なる十数種類の画像を生成し、クリエイターはその中から可能性を感じる2つか3つの結果を選んでさらに発展させることができます」などと書かれています。

「AI のニューウェーブが Adobe Creative Cloud に到来」（https://blog.adobe.com/jp/publish/2022/11/30/cc-bringing-the-next-wave-of-artificial-intelligence-to-creative-cloud）

CLIP STUDIO PAINTのプラグイン

セルシスのイラスト／マンガ制作アプリ「CLIP STUDIO PAINT」にもStable Diffusionを利用できるプラグインが用意されています。

夏猫氏が開発している「NekoDraw」は、CLIP STUDIO PAINT内でStable Diffusionのtxt2imgとimg2imgを実行できるプラグインです。

NekoDraw

https://github.com/mika-f/nekodraw

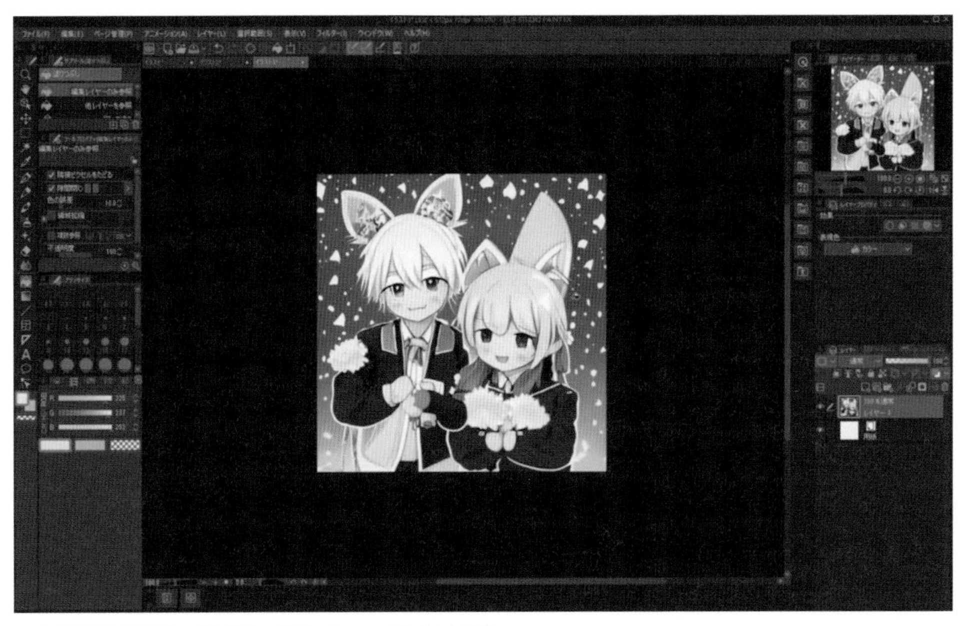

CLIP STUDIO PAINTのプラグイン「NekoDraw」で生成した画像

セルシス自身は、CLIP STUDIO PAINTにStable Diffusionを組み込む計画を2022年11月29日に発表したものの、ユーザーからの激しい抗議を受けてわずか3日後に撤回しています。

Blenderのプラグイン

「Blender」は、Blender財団が開発しているオープンソースの3DCGソフトです。Carson Katri氏は、Blender用のStable Diffusionプラグインである「dream-textures」を開発しています。

dream-textures
https://github.com/carson-katri/dream-textures

dream-texturesでは、画像をPC上で生成する方法と、画像生成を有料サービスであるDreamStudio（→35ページ）にまかせる方法を選ぶことができます。

txt2imgやimg2imgによる3Dモデルに貼り付けるテクスチャの生成、アウトペインティングや画像の高解像度化もできるほか、シーン全体の奥行きを推定してテクスチャを貼り付ける「テクスチャプロジェクション」という機能も用意されています。

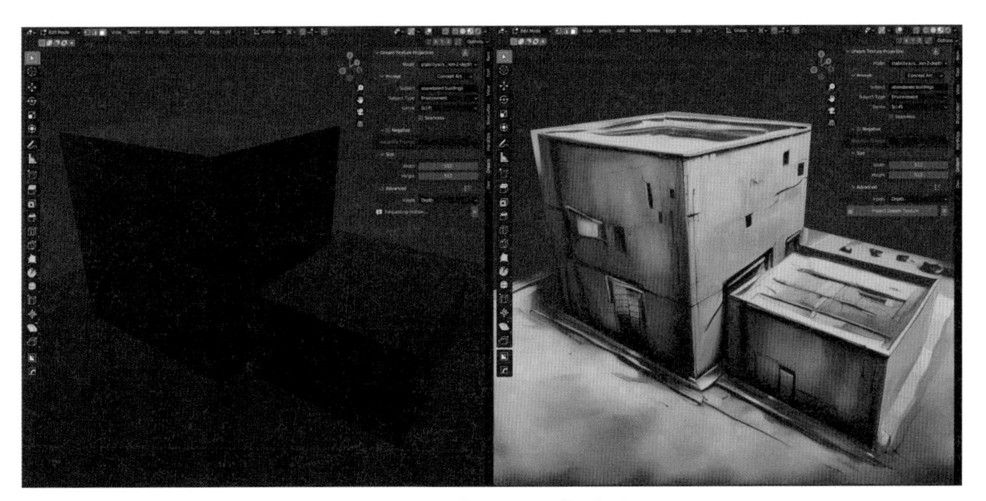

プロンプトに基づきシーン全体にテクスチャを貼り付ける「テクスチャプロジェクション」

また、Stable Diffusionを開発しているStability AIもBlender向けに無料のアドオンを公開しました。

Stability for Blender
https://platform.stability.ai/docs/integrations/blender

Kritaのプラグイン

Krita財団が開発しているオープンソースのペイントソフトが「Krita」です。このKritaにも、John-Henry Lim氏が開発しているStable Diffusionのプラグイン「auto-sd-paint-ext」が用意されています。

このプラグインはSD/WebUIの拡張機能のメニューからインストールできます。

txt2imgやimg2imgのほか、画像の拡大やアウトペインティングなど、SD/WebUIが持つ機能を利用できるのが特長です。

auto-sd-paint-ext
https://github.com/Interpause/auto-sd-paint-ext

Krita用のStable Diffusionプラグイン「auto-sd-paint-ext」

Stable Diffusion以外のAI画像生成モデル

Stable Diffusion 以外にも、独自の AI 画像生成モデルがいくつかあります。

Midjourney（https://www.midjourney.com/home/）

「Midjourney」は同名の研究所が開発し、2022年7月13日にオープンβサービスを開始した画像生成 AI モデルです。ユーザー登録時に無償で画像を25枚生成でき、そこから先は有料となります。

Midjourney を利用するには、まず Discord というチャットコミュニケーションサービスに加入します。登録すると、Midjourney のチャンネルに招待され、チャネル上でメッセージとしてプロンプトを入力すると画像が生成されます。

無料ユーザーが生成した画像は他のユーザーに公開されますが、月額10ドルからの有料プランに加入した上で追加料金を支払うと、作った画像を非公開にすることも可能です。

2022年8月にデジタルイラストのコンテストで1位を獲得したイラストは、実は Midjourney を利用して生成した作品でした。このイラストは受賞後に、AI によって生成されたことが判明し、物議をかもしたのです（→255ページ）。

同研究所は2022年12月10日に、アニメ風イラストの画像生成に特化した新サービス「niji・journey」（https://nijijourney.com/）のオープンベータサービスも始めています。

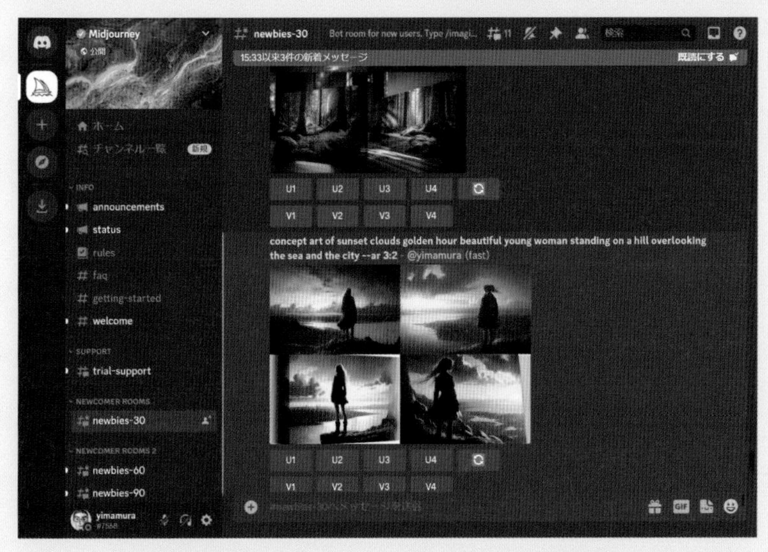

Midjourney の画像生成画面。自分以外のユーザーがどんなプロンプトで画像を生成しているのか見ることもできる

DALL・E 2（https://openai.com/dall-e-2/）

「DALL・E」は、人工知能を研究している非営利組織、OpenAIが開発した画像生成モデルであり、その第2バージョンが「DALL・E 2」です。研究者向けに限定的に公開された後、2022年7月20日にβ版がサービスインしました。ユーザー登録時や月に1度クレジットを獲得でき、画像の生成でそのクレジットを消費します。クレジットの追加には料金が必要です。

DALL・E 2がいち早く導入した機能が「アウトペインティング」です。画像の外側に何があるかを言葉で指定すると、元の画像の絵柄に合わせて絵や写真の範囲を広げてくれるのです。

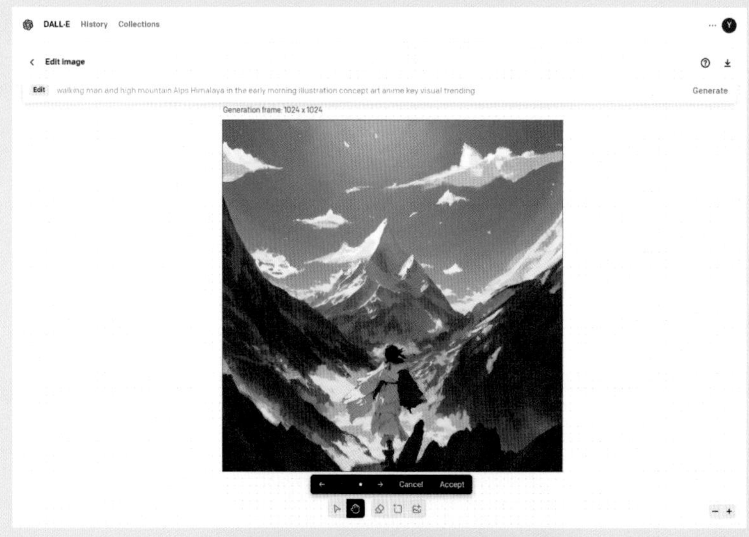

DALL・E 2のアウトペインティング機能で、中央の画像の周囲を新たに生成した

第2章 Stable Diffusion WebUIをセットアップする

2-1 AUTOMATIC1111版SD/WebUIを使う2つの方法

2-2 SD/WebUIのセットアップ

2-3 Google ColaboratoryでSD/WebUIを使う

2-4 Stable Diffusion/WebUIを日本語化する

2-1

AUTOMATIC1111版Stable Diffusion WebUIを使う2つの方法

有料の画像生成AIサービスを使わずにStable Diffusionを動作させ、画像を生成する方法はいくつかあります。本書で解説する「AUTOMATIC1111版Stable Diffusion WebUI」はPC内とWebサービス上のどちらでもStable Diffusionの動作が可能です。

AUTOMATIC1111版Stable Diffusion WebUIとは

Stability AIが公開したStable DiffusionはAIモデルの中核であり、どのように言葉やパラメータを与えるか、生成された画像をどのように受け取るかなどは別のプログラムが制御します。そのため公開直後から、PC上でStable Diffusionを動かし、生成画像を受け取るためのプログラムがいくつも開発されました。

本書で解説する「AUTOMATIC1111版Stable Diffusion WebUI」(SD/WebUI)は、そうしたプログラムの1つです。SD/WebUIは、ハンドルネーム「AUTOMATIC1111」氏が中心となって開発しているStable Diffusionのフロントエンドで、起動後はブラウザから

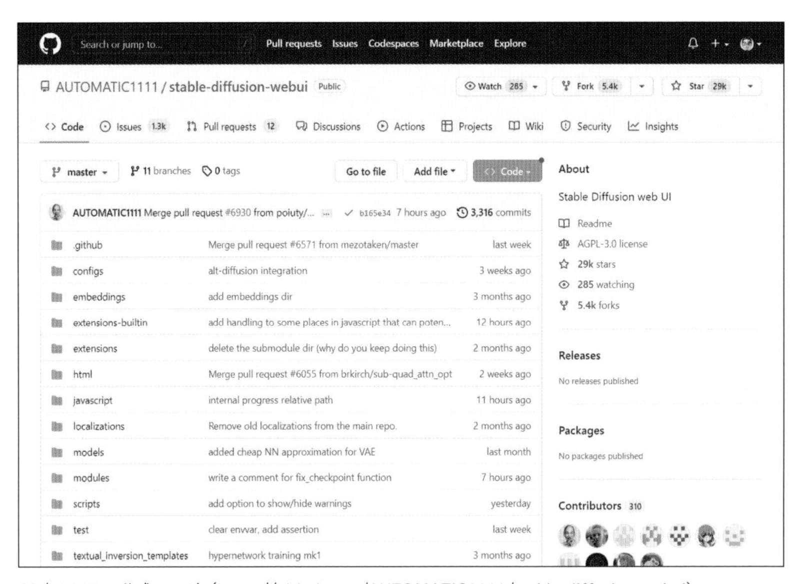

SD/WebUIの公式ページ(https://github.com/AUTOMATIC1111/stable-diffusion-webui)

操作するため「WebUI」の名称が付けられているのです。
SD/WebUI は機能が豊富であり、第三者が開発した拡張機能も追加できます。

PCとWebサービス、どちらでSD/WebUIを使うか

SD/WebUI は自分の PC にインストールして使うこともできますし、Google Colaboratory のような Web サービス上で使うこともできます。そして、起動後の操作方法はすべて共通です。

PC 上で SD/WebUI を動作させるには、PC のグラフィックス性能を強化するチップである GPU（Graphics Processing Unit）の搭載が前提となります。

ゲームや CG 制作などで高精細な3D グラフィックスを高速に生み出す GPU の計算能力は、Stable Diffusion のような AI モデルの計算にも向いています。そのため、PC での SD/WebUI の利用には GPU が必須でしょう。

加えて、SD/WebUI に対応しているのは、NVIDIA 製の GPU です。SD/WebUI の公式ページでは、AMD 製の GPU（ただし Linux）と Apple シリコンの Mac で SD/WebUI をインストールする方法が案内されていますが、いずれも画像の生成速度は同程度の性能を持つ NVIDIA の GPU に劣ります。

AMD 製 GPU の PC（Linux）に SD/WebUI をインストールする手順（英語）

https://github.com/AUTOMATIC1111/stable-diffusion-webui/wiki/Install-and-Run-on-AMD-GPUs

Apple シリコンの Mac に SD/WebUI をインストールする手順（英語）

https://github.com/AUTOMATIC1111/stable-diffusion-webui/wiki/Installation-on-Apple-Silicon

使っている PC が SD/WebUI を動作させる条件に合わない場合は、Google Colaboratory などの外部 Web サービスの利用を検討してください。

Stable DiffusionのためのGPU選びではVRAMの容量が重要

デスクトップPCにGPUを追加するためのパーツは、グラフィックボード（グラボ）とも呼ばれるビデオカードです。デスクトップPCはビデオカードを取り付けたり、すでにあるビデオカードを交換したりすれば、GPUの新設や強化ができます。一方、「ゲーミングノート」と呼ばれるノートPCにもGPUを搭載している機種はありますが、ゲーミングノートのGPUはごく一部の機種を除いて交換できません。

画像生成AIを利用する上で、GPUと同時に重要なのがVRAM（ビデオメモリ）の容量です。VRAMが12GB以上のビデオカードであれば、おおむね問題なくSD/WebUIを動作させることができるでしょう。

SD/WebUIを利用する場合、画像生成はVRAM4GBでも可能ですが、少ない容量でやりくりするために時間がかかりますし、大きな画像は生成できないこともあります。

VRAMはPC本体のメモリと異なって、後で追加することはできません。十分なVRAMを搭載したビデオカードを選んでください。

以下は、NVIDIAのビデオカード向けGPUをVRAMの容量で分類したものです。「RTX」や「GTX」に続く数字の前2桁が世代を、後ろ2桁がその世代での性能を表しています。「Super」や「Ti」は同じGPUの型番でも、この順に性能が上がります。

ビデオカードの例。RTX 4090を搭載したASUSの「TUF Gaming GeForce RTX 4090 OC Edition」

ゲーミングノートに搭載されたGPUの場合、VRAMがこれより少ないこともあるでしょう。ビデオカードに搭載されるVRAMの容量はGPUの種類でおおむね決まっていますが、GPUが同じでもVRAMの容量が2種類あるビデオカードも販売されています。

VRAMが24GBのGPU

GeForce RTX 4090／RTX 3090 Ti／RTX 3090

VRAMが16GBのGPU

GeForce RTX 4080

VRAMが12GBのGPU

GeForce RTX 4070 Ti／RTX 3080 Ti／RTX 3080（10GBのモデルも）／RTX 3060（8GBのモデルも）／RTX 2060 12GB（6GBのモデルも）

VRAMが11GBのGPU

GeForce RTX 2080 Ti／GeForce GTX 1080 Ti

VRAMが10GBのGPU

GeForce RTX 3080（12GBのモデルも）

VRAMが8GBのGPU

GeForce RTX 3070 Ti／RTX 3070／RTX 3060 Ti／RTX 3060（12GBのモデルも）／RTX 3050／RTX 2080 Super／RTX 2080／RTX 2070 Super／RTX 2070／RTX 2060 Super／GeForce GTX 1080／GTX 1070 Ti／GTX 1070

RTX 3000シリーズには「LHR版」をうたったビデオカードも販売されています。これは暗号資産をマイニングするための計算能力をあえて抑えたモデルです。暗号資産の計算では性能が劣化するまでGPUを酷使することが多いため、中古のビデオカードを買うときはLHR版を選ぶのが無難です。

また高性能なGPUは消費電力も高くなります。自分のPCで使われている電源の容量が許容範囲内か、電源から供給できる補助電源のケーブル本数が足りるかなども考慮しましょう。場合によっては、ビデオカードの購入に合わせて電源の交換も必要かもしれません。

最後に、ビデオカードがケースに収まるかのチェックも忘れないでください。大型のビデオカードは、PCケース内に収まらないことがあります。一方で、冷却ファンが1つしかない小型のビデオカードは冷却性能が下がるので、システム全体の温度が上がりすぎない工夫が必要になるかもしれません。

Google Colaboratoryを介してSD/WebUIを使う

Webサービスである Google Colaboratory 内でSD/WebUIを実行するのであれば、画像生成の計算がクラウド上で行われるため、PCに性能は求められません。Webを見たり文書を作ったりするのに支障がなければ、性能は十分でしょう。

Google Colaboratory でSD/WebUIを使うためのセットアップについては、70ページで解説しています。

ただし、Google Colaboratory には使用リソースの制限が設定されています。長時間使い続けると接続が解除され、しばらく回復しません。やっかいなことに、どのくらい使うと制限がかかるのか、どのくらい待つと再接続できるのかは非公開です。

なお、Google Colaboratory には月額1,072円からのサブスクリプション版もあり、こちらではより高性能なGPUを長時間利用できますが、無料版同様にリソースの制限が設定されています。

2-2

SD/WebUIのセットアップ

SD/WebUIのPCへのインストールはクリック1回というわけにはいかず、いくつかのファイルをダウンロードして、個別に特定のフォルダへ入れたりする作業をともないます。順に解説しましょう。

SD/WebUIをインストールするPC環境の例

SD/WebUIをインストールするPCに求められる性能について、ここでまとめておきます。ただし、市販のアプリケーションソフトと異なり、SD/WebUIは動作を保証する環境が示されていないため、独自の指標であることにご留意ください。

以下は、SD/WebUIがおおむね問題なく動作すると考えられるPC環境の目安です。

- Windows…64ビット版
- CPU…Intel Core iシリーズ／AMD Ryzenシリーズ
- メインメモリ…16GB以上
- GPU…NVIDIA製、VRAM12GB以上
- ストレージ…最低20GBの空き容量があるSSD

Windowsは64ビット版がよいでしょう。32ビット版のWindowsはメインメモリを4.3GBまでしか認識できないため、SD/WebUIを動作させるのは難しいと思われます。

SD/WebUIの動作では、CPUの性能があまり重視されません。最新型のCPUが望ましいものの、そうでなければ厳しいということもありません。Core iシリーズやRyzenシリーズなどでは、旧モデルと最新モデルでは性能に大きな差があるものの、OSやメインメモリが上の条件を満たしていればおおむね問題なく動作するでしょう。

メインメモリ（本体メモリ）は8GBでも動作はするようですが、通常5GB前後ある学習モデルをメインメモリに展開することを考えると、16GB以上はほしいところです。

GPUは前項で解説したように、NVIDIA製品であることが必須です。VRAMは12GB以上が望ましいでしょう。

ストレージに求められる空き容量は、SD/WebUIのインストールと公式の学習モデルの利用だけであれば、11GBほどです。ただしその後も追加ファイルがダウンロードされ

ることもありますし、出力した画像ファイルの容量も増えていくでしょう。さらに、1つ5GBほどの学習モデルを追加して利用するかもしれません。本書でも、第3章で追加の学習モデルをダウンロードします（→142ページ）。これらのことを考えて、ストレージには最低20GBの空き容量が望ましいとしました。ただしこれは、最低限の容量と考えてください。

加えて、できるだけ高速なストレージを選びましょう。学習モデルを切り替える際にはそのつど数GBのファイルを読み出します。SD/WebUIの起動や学習モデルを切り替える際の待ち時間を短くするために、ハードディスク（HDD）ではなくSSD、中でも2.5インチのSATA SSDより高速な、M.2タイプのNVMe SSDに学習モデルを入れることをおすすめします。

SD/WebUIのセットアップ手順

SD/WebUIをPCにセットアップする手順は以下のとおりです。

まずSD/WebUIの本体をダウンロードし解凍します。続いて、学習モデルなど必要な各種ファイルをダウンロードし、設定ファイルとともにフォルダへ配置します。

そして一部のファイル内容を書き替え、SD/WebUIをアップデート後インストールすれば、画像を生成できるようになります。

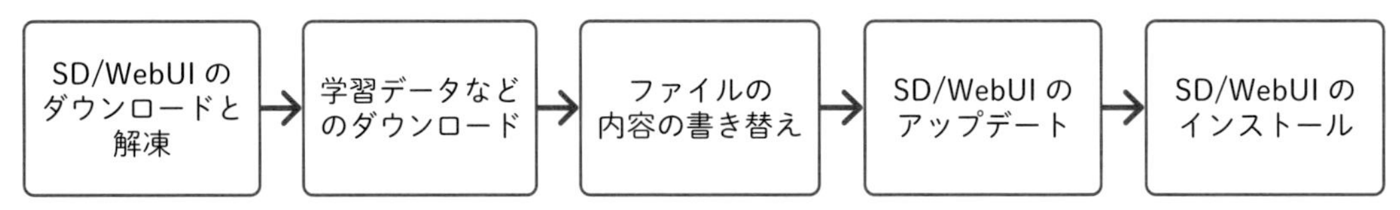

SD/WebUIのダウンロード

まず、SD/WebUIの本体をダウンロードしましょう。

①以下のURLにアクセスしてください。

https://github.com/AUTOMATIC1111/stable-diffusion-webui/releases

ここには、SD/WebUIのインストーラーがバージョンごとにリストアップされています。

本稿の執筆時点では「v1.0.0-pre」のみがあります。
「Assets」をクリックしてリストを開き、「sd.webui.zip」をクリックすると「sd.webui.zip」のダウンロードが始まります。任意の場所に保存してください。

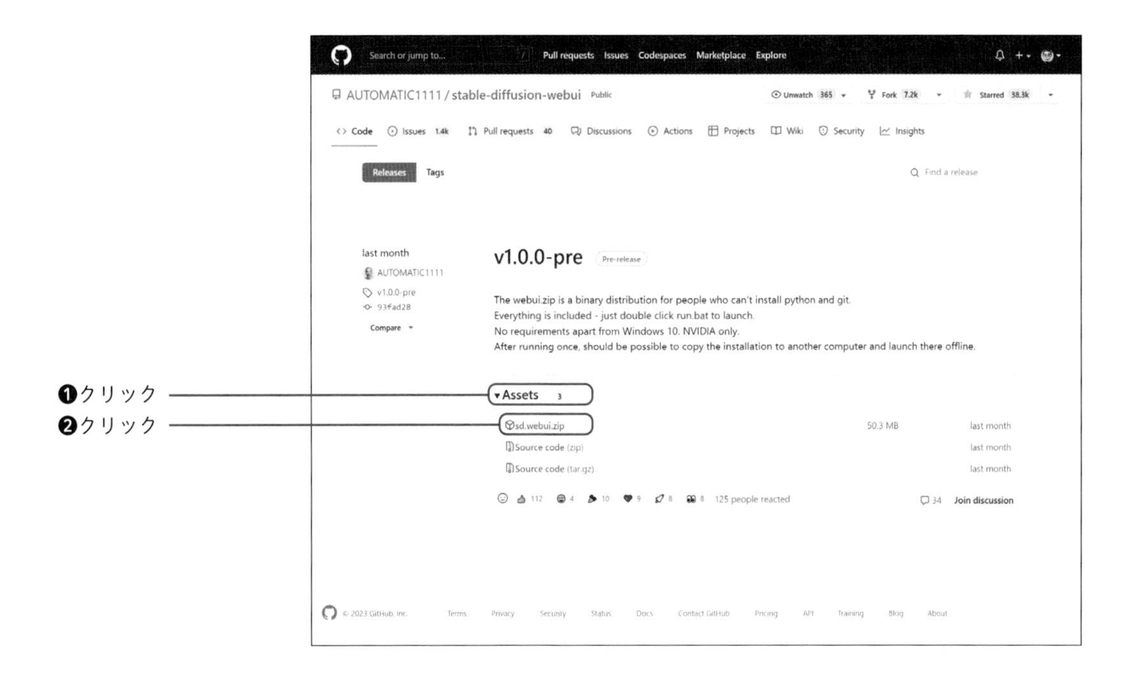

②「sd.webui.zip」をフォルダに解凍します。フォルダの名前と場所は任意ですが、空白や日本語を含むフォルダ名のほか、深すぎる階層は避けてください。ここではCドライブの最上位に「sd.webui」フォルダを作り、そこへ解凍します。

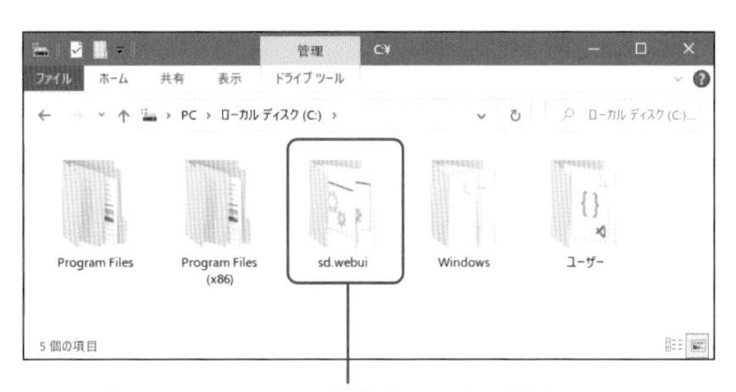

「sd.webui.zip」の内容をこの中に解凍

③「sd.webui」フォルダの内容はこのようになります。

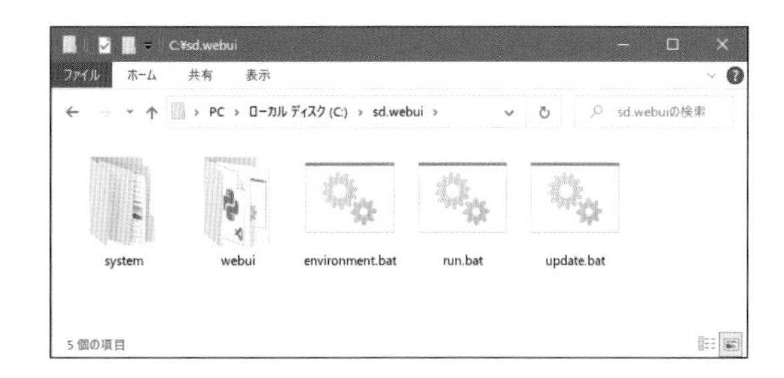

追加データのダウンロードと配置

Stable Diffusion で使う学習モデルなどをダウンロードします。

① Stable Diffusion の公式学習モデルを以下からダウンロードします。ブラウザで以下の URL へアクセスしましょう。

https://huggingface.co/stabilityai/stable-diffusion-2-1/tree/main

ファイル一覧の中から、「v2-1_768-ema-pruned.safetensors」の「5.21GB〔LFS〕↓」という部分をクリックします。

②保存先を決めるダイアログボックスが開きます。保存先に「C:¥sd.webui¥webui¥models¥Stable-diffusion」を選んで「保存」ボタンをクリックします。

③同じように、「VAE」と呼ばれる追加の学習データを以下のURLからダウンロードします。

https://huggingface.co/stabilityai/sd-vae-ft-mse-original/tree/main

ファイル名は「vae-ft-mse-840000-ema-pruned.ckpt」で、保存先は②と同じ「C:¥sd.webui¥webui¥models¥Stable-diffusion」です。

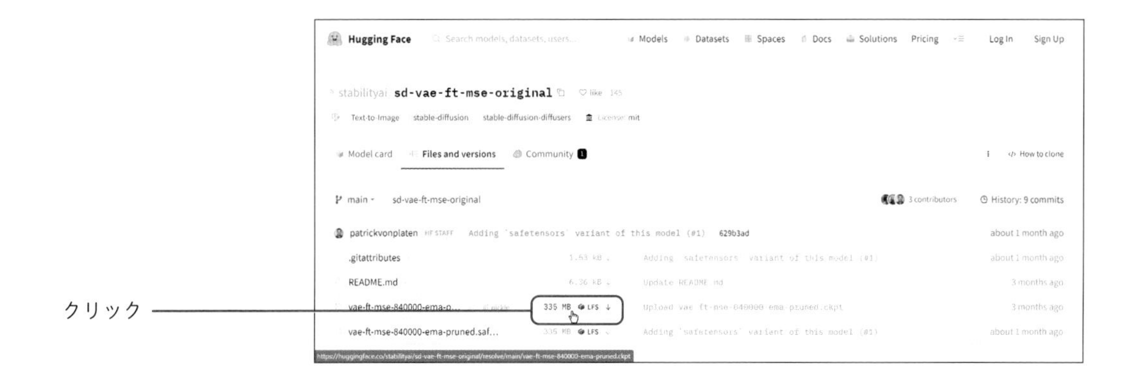

④「sd.webui」－「webui」フォルダに、「v2-inference-v.yaml」というファイルがあります。これは、Stable Diffusionの公式学習モデルをSD/WebUIで動作させるための設定ファイルです。このファイルを②③と同様に「C:¥sd.webui¥webui¥models¥Stable-diffusion」へコピーします。

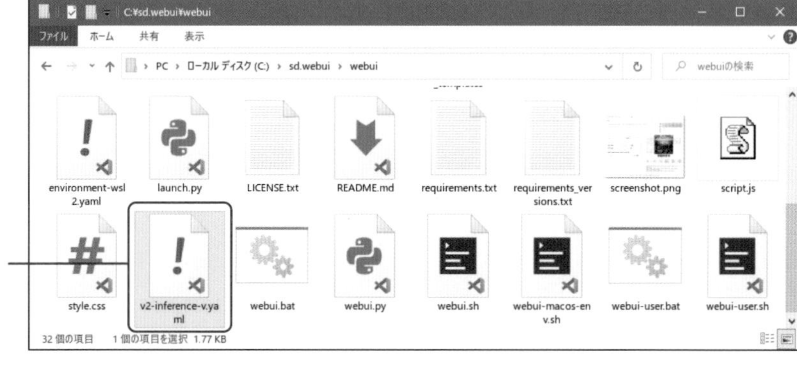

「v2-inference-v.yaml」をほかのダウンロードしたファイルと同じフォルダにコピーする

⑤3つのファイルをダウンロードやコピーしてきた「sd.webui」－「webui」－「models」－「Stable-diffusion」フォルダは上図のようになります。このうち、2つのファイルのファイル名を変更します。

3つのファイルとも、拡張子の手前のファイル名を同じにしつつ、1つは拡張子も変更します。

- vae-ft-mse-840000-ema-pruned.safetensors → v2-1_768-ema-pruned.vae.pt
- v2-inference-v.yaml → v2-1_768-ema-pruned.yaml

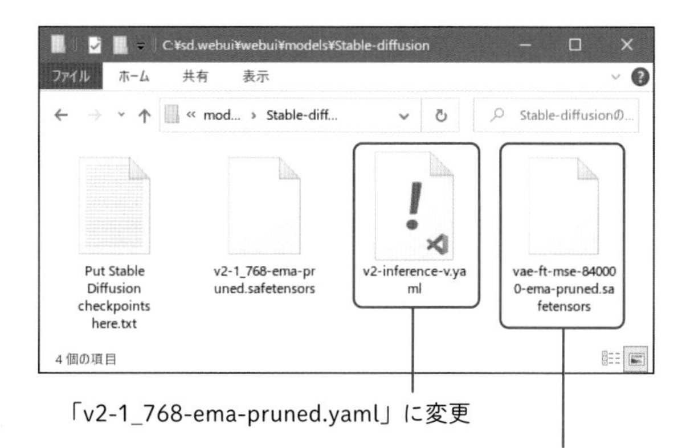

「v2-1_768-ema-pruned.yaml」に変更

「v2-1_768-ema-pruned.vae.pt」に変更

⑥3つのファイル名が変更されると、以下のようになります。

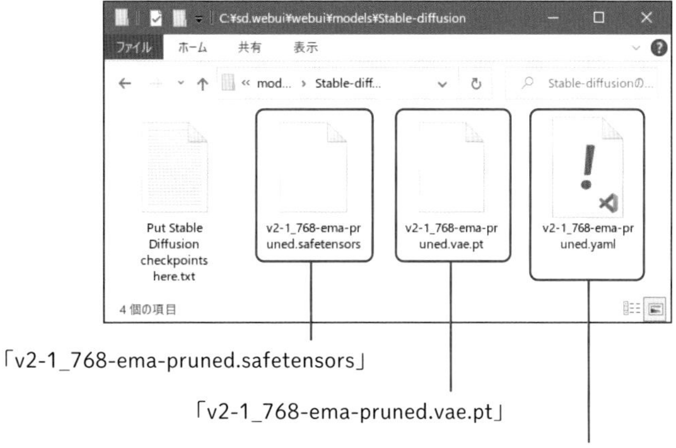

3つのファイルのファイルサイズ

ファイル名を変更するうちにどれがどれだかわからなくなった場合は、ファイルサイズを参考にしてください。

・v2-1_768-ema-pruned.safetensors…4.85GB
・v2-1_768-ema-pruned.vae.pt…319MB
・v2-1_768-ema-pruned.yaml…1.77KB

ファイルを選択すると、エクスプローラーのステータスバーにファイルサイズが表示されます。

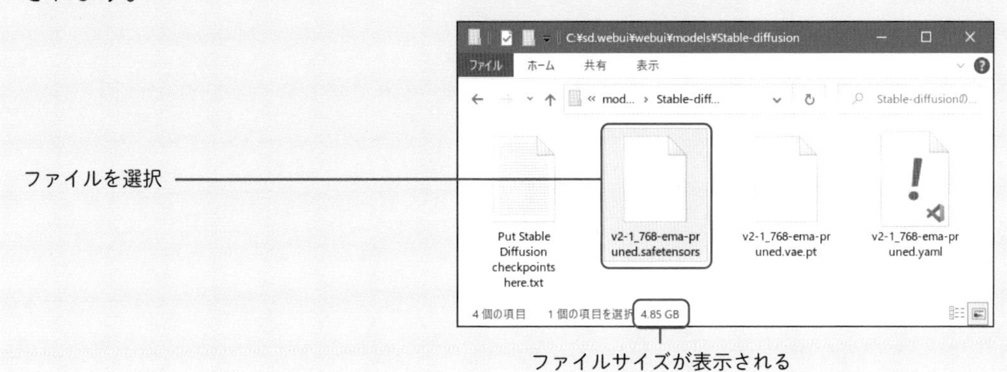

起動ファイルの修正

SD/WebUI を起動するときに使うバッチファイルの内容を編集します。

①「sd.webui」－「webui」フォルダにある「webui-user.bat」を右クリックし、「編集」を選択します。

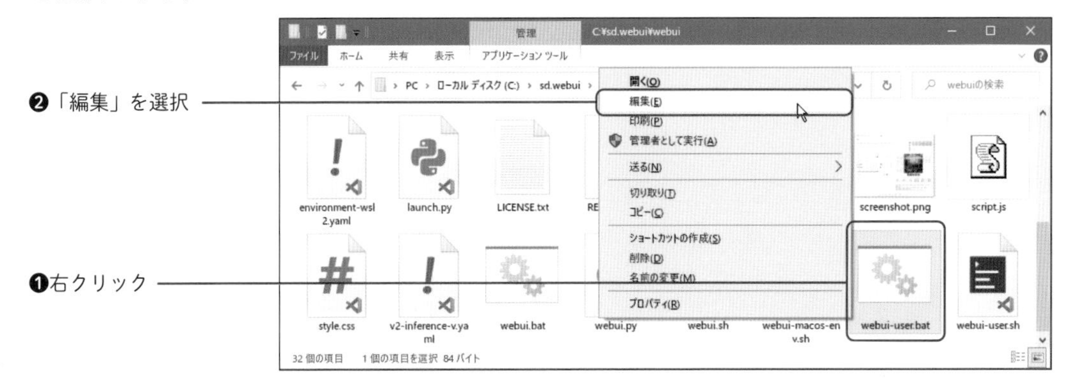

②「Windows によって PC が保護されました」のダイアログボックスが出たときは、「詳細情報」をクリックしたあと「実行」をクリックします。

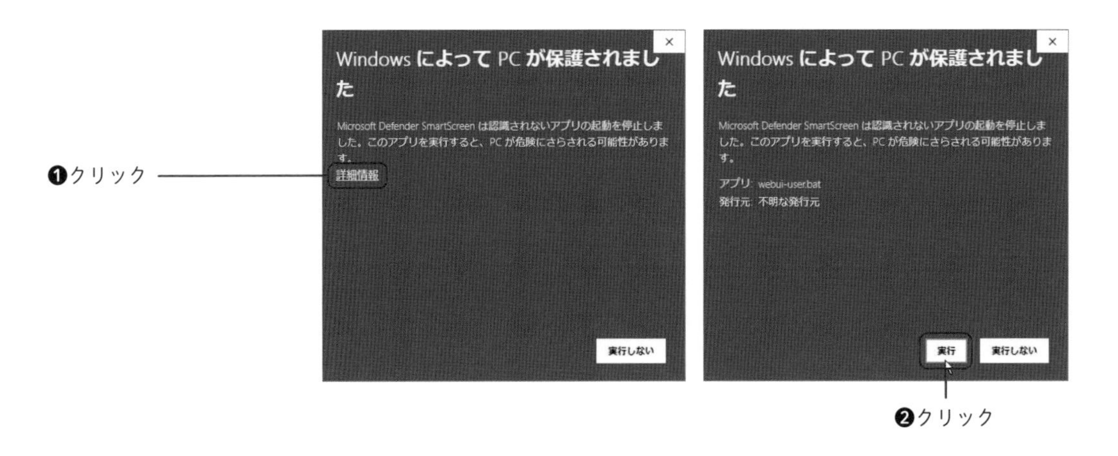

③テキストエディタ（ここでは「メモ帳」）が起動し、「webui-user.bat」が開かれます。「set COMMANDLINE_ARGS=」の行に「--xformers --autolaunch」と記入します。「--」は半角のハイフン2つで、「--」と「xformers」や「autolaunch」の間はスペースなしです。また「--xformers」と「--autolaunch」の間には半角スペースを1つ入れてください。

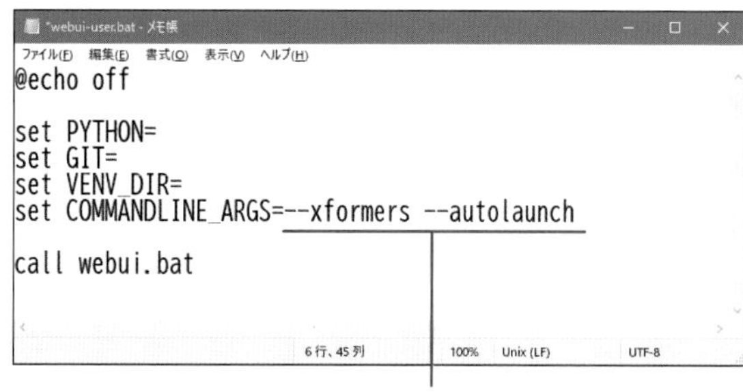

④「webui-user.bat」を保存して閉じます。

SD/WebUIのインストール

SD/WebUI をインストールする前に、インストールするファイルの内容や構成を最新の状態に更新しておきます。「sd.webui」フォルダにある「update.bat」を実行します。

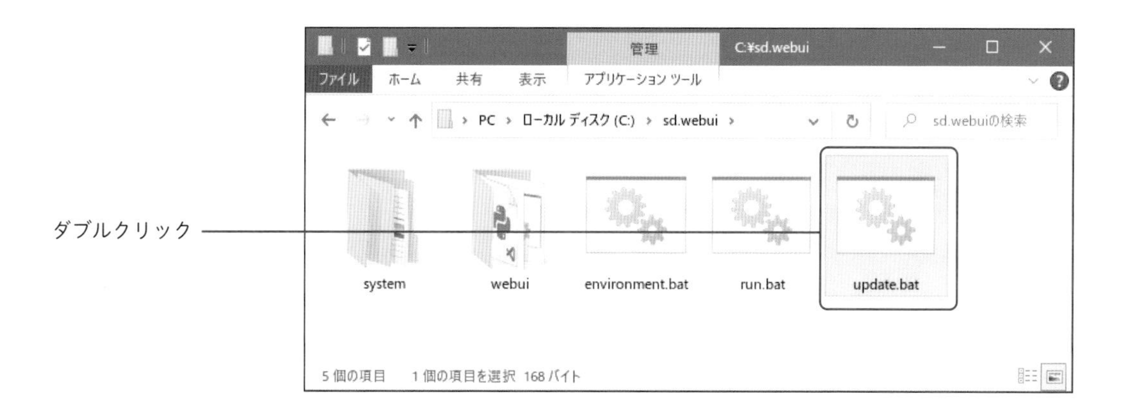

コマンドプロンプトのウィンドウが表示されます。通常は黒い背景に白い文字ですが、ここでは見やすくするため反転させています。「sd.webui」フォルダの内容が更新され、「続行するには何かキーを押してください」と表示されました。何かキーを押してこのウィンドウを閉じます。

```
requirements_versions.txt                          |   3 +-
scripts/img2imgalt.py                              |   6 +-
scripts/loopback.py                                |  14 +-
scripts/postprocessing_upscale.py                  |  25 +
scripts/prompt_matrix.py                           |  47 +-
scripts/{xy_grid.py => xyz_grid.py}                | 220 ++-
style.css                                          |  53 +-
webui-macos-env.sh                                 |   2 +-
webui.py                                           |  29 +-
82 files changed, 4135 insertions(+), 1164 deletions(-)
create mode 100644 configs/instruct-pix2pix.yaml
rename v2-inference-v.yaml => configs/v1-inpainting-inference.yaml (61%)
create mode 100644 modules/mac_specific.py
create mode 100644 modules/models/diffusion/ddpm_edit.py
create mode 100644 modules/scripts_auto_postprocessing.py
create mode 100644 modules/sd_hijack_ip2p.py
create mode 100644 modules/sd_hijack_utils.py
create mode 100644 modules/sd_models_config.py
create mode 100644 modules/sd_samplers_common.py
create mode 100644 modules/sd_samplers_compvis.py
create mode 100644 modules/sd_samplers_kdiffusion.py
create mode 100644 modules/shared_items.py
create mode 100644 modules/timer.py
create mode 100644 modules/ui_extra_networks_checkpoints.py
rename scripts/{xy_grid.py => xyz_grid.py} (62%)
続行するには何かキーを押してください . . .
```

最後の行までの表示内容は「update.bat」を実行するタイミングによって異なる

　これでSD/WebUIをインストールする準備はすべて完了しました。「run.bat」を実行します。

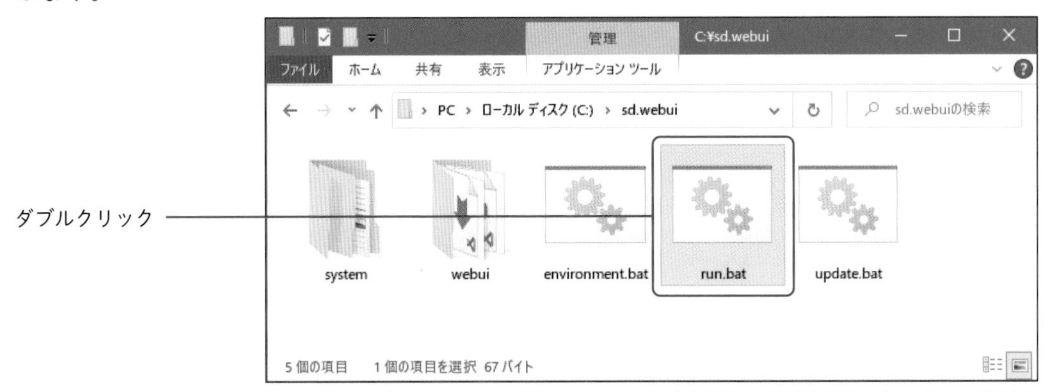

「webui-user.bat」を実行するとSD/WebUIのインストールが始まる

　コマンドプロンプトのウィンドウが表示され、インストールの進行状況を伝えるメッセージが出てきます。

　インストールには5分から10分ほどかかります。ウィンドウ内に表示されるメッセージが止まったままに見えても、内部ではインストールが進んでいます。根気強く待ちましょう。

「To create a public link, set `share=True` in `launch()`.」の行が表示されるとインストールは完了です。ブラウザが起動してSD/WebUIの操作画面が表示されます。

　コマンドプロンプトのウィンドウは、SD/WebUIを使っている間は閉じないでください。

```
Cloning Taming Transformers into repositories¥taming-transformers...
Cloning K-diffusion into repositories¥k-diffusion...
Cloning CodeFormer into repositories¥CodeFormer...
Cloning BLIP into repositories¥BLIP...
Installing requirements for CodeFormer
Installing requirements for Web UI
Launching Web UI with arguments: --xformers --autolaunch
Calculating sha256 for C:¥sd.webui¥webui¥models¥Stable-diffusion¥v2-1_768-ema-pruned.safe
tensors: dcd690123cfc64383981a31d955694f6acf2072a80537fdb612c8e58ec87a8ac
Loading weights [dcd690123c] from C:¥sd.webui¥webui¥models¥Stable-diffusion¥v2-1_768-ema-
pruned.safetensors
Creating model from config: C:¥sd.webui¥webui¥models¥Stable-diffusion¥v2-1_768-ema-pruned
.yaml
LatentDiffusion: Running in v-prediction mode
DiffusionWrapper has 865.91 M params.
Loading VAE weights found near the checkpoint: C:¥sd.webui¥webui¥models¥Stable-diffusion¥
v2-1_768-ema-pruned.vae.pt
Applying xformers cross attention optimization.
Textual inversion embeddings loaded(0):
Model loaded in 10.6s (calculate hash: 4.7s, create model: 0.4s, apply weights to model:
1.6s, apply half(): 1.1s, load VAE: 0.4s, move model to device: 1.3s, load textual invers
ion embeddings: 1.0s).
Running on local URL:  http://127.0.0.1:7860

To create a public link, set `share=True` in `launch()`.
```

この行が表示されると
インストールは完了

コマンドプロンプトの表示がここまで来ればインストールが完了し、ブラウザが起動する

画像を生成してみる

SD/WebUIが起動したので、画像を生成してみましょう。

「Prompt（press Ctrl + Enter or Alt + Enter to generate）」欄に **sailing ship｜帆船** と入力し、「Width」と「Height」を「768」にして「Generate」ボタンをクリックします。

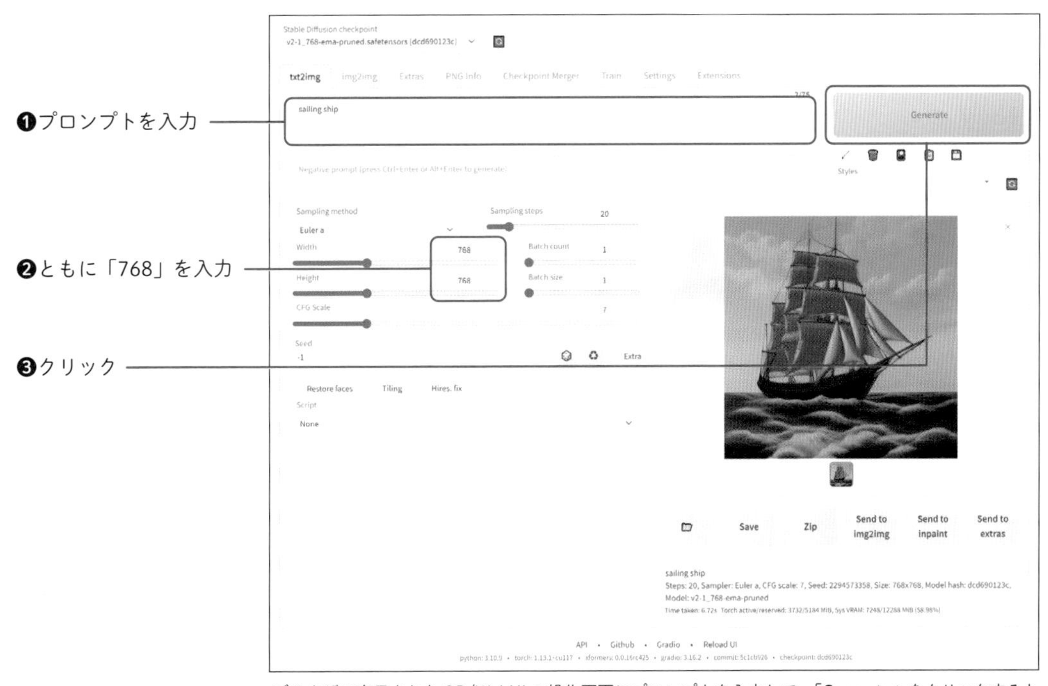

ブラウザに表示されたSD/WebUIの操作画面にプロンプトを入力して、「Generate」をクリックすると画像が生成される

txt2imgで生成した画像は、「sd.webui」－「webui」－「outputs」－「txt2img-images」フォルダにある、今日の日付のフォルダに保存されていきます。

SD/WebUIの操作方法について詳しくは、第3章で解説します。

SD/WebUIの終了方法と次回以降の起動方法

ブラウザに表示されているのはSD/WebUIを操作するための画面で、ブラウザを閉じてもSD/WebUIは終了しません。SD/WebUIを終了するには、コマンドプロンプトのウィンドウを閉じます。

次にSD/WebUIを起動するときは、インストール時と同じ「run.bat」を実行します。2回目以降の起動は、インストール時よりずっと短くなります。

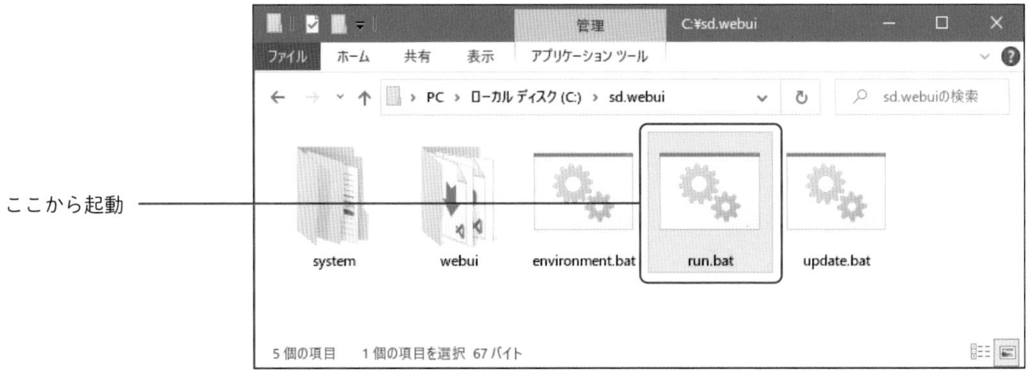

SD/WebUIは「run.bat」で起動する

SD/WebUIのアップデート方法

SD/WebUIは頻繁にアップデートしています。SD/WebUIを最新版にアップデートするには、SD/WebUIが起動していない状態で「update.bat」を実行します。

インストール時と同じように、更新されたファイル名などがコマンドプロンプトのウィンドウに表示されます。「続行するには何かキーを押してください」のメッセージに従って、何かキーを押せばアップデートは完了です。

また、前回の更新から変更がなかった場合は「Already up to date.」と表示されます。

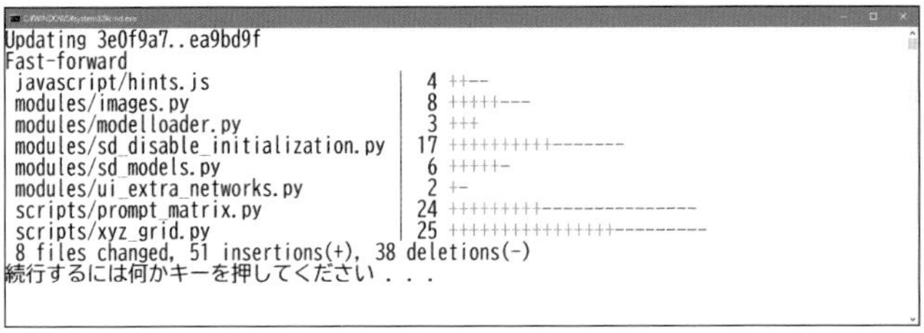

```
Updating 3e0f9a7..ea9bd9f
Fast-forward
 javascript/hints.js                      |  4 ++--
 modules/images.py                        |  8 +++++---
 modules/modelloader.py                   |  3 +++
 modules/sd_disable_initialization.py     | 17 ++++++++++-------
 modules/sd_models.py                     |  6 +++++-
 modules/ui_extra_networks.py             |  2 +-
 scripts/prompt_matrix.py                 | 24 +++++++++---------------
 scripts/xyz_grid.py                      | 25 ++++++++++++++++---------
 8 files changed, 51 insertions(+), 38 deletions(-)
続行するには何かキーを押してください . . .
```

「update.bat」の実行例

なお、アップデート後の動作に不審な点があった場合は、SD/WebUI を再インストールする方法があります（→171ページ）。

2-3 Google ColaboratoryでSD/WebUIを使う

GPUのないPCでSD/WebUIを使う例として、Google Colaboratory上でSD/WebUIを動作させる方法を紹介します。利用時間の制限はありますが、ハイスペックなPCでなくても画像を生成できます。

Google Colaboratoryの特徴

これまでに何度かGoogle Colaboratoryを紹介してきました。特徴を以下にまとめます。

- クラウド上でPythonのプログラムを動かすことができるWebサービス
- 利用にはGoogleアカウントが必要
- 利用するPCが高性能でなくても、SD/WebUIで画像生成できる
- 利用できるGPUリソースに制限があり、それを超えると半日以上使えなくなる
- 無償で利用できるが、月額の有料コースに登録すると高性能なGPUをより長く利用できる

PCにSD/WebUIをインストールするのとは異なり利用時間に制限はあるものの、GPUのないPCでもSD/WebUIを使える手軽さがGoogle Colaboratoryの魅力です。

Google Colaboratoryの「ノートブック」とは

Google Colaboratoryでは、Pythonのプログラムや文章を書き込める「ノートブック」というドキュメントごとにプロジェクトが管理されています。ノートブック内のプログラムはその場で実行できます。

ノートブック内のプログラムを書く枠は「コードセル」、文章を書く枠は「テキストセル」と呼ばれます。

ノートブックは自分だけで使うこともできますし、ほかの人に公開することもできま

す。公開されているノートブックをコピーして、自分のノートブックとしてプログラムを自分用に修正して使うことも可能です。

ノートブックは、Googleが提供するクラウドストレージサービスの「Googleドライブ」（https://drive.google.com/）に保存されます。プログラムの内容次第で、SD/WebUIで生成した画像をGoogleドライブに保存することもできます。

Google Colaboratoryの公式サイト（https://colab.research.google.com/）へアクセスすると、「Colaboratoryへようこそ」というノートブックが表示されます。このノートブックにGoogle Colaboratoryの概要が解説されています。

また、ノートブックを開いた状態で「ヘルプ」メニューの「よくある質問」を選択すると、Google Colaboratoryに関するQ&Aのページが表示されます（https://research.google.com/colaboratory/faq.html）。こちらも読んでおくとよいでしょう。

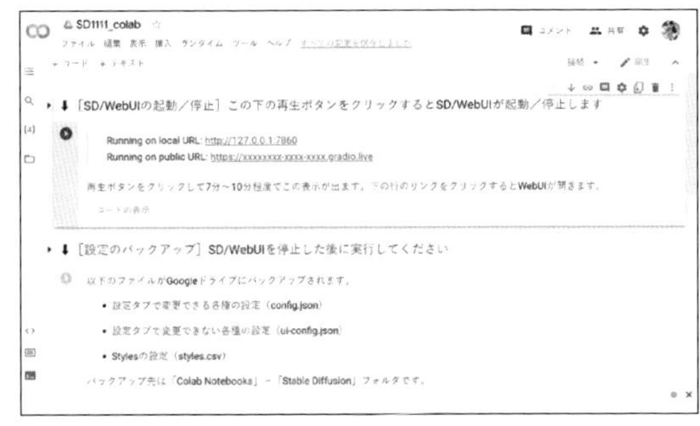

「Colaboratoryへようこそ」ノートブック

Google Colaboratoryについての「よくある質問」のページ。「話がうますぎるように思えます。」が目を引く

ノートブックを実行

SD/WebUIを起動できるノートブックを用意しました。以下のURLへブラウザでアクセスしてください。

このノートブックは随時更新しているため、見た目が変わっている場合もあります。ご了承ください。

https://colab.research.google.com/github/imamurayusuke/SD1111_colab/blob/main/SD1111_colab.ipynb

①ノートブックの「⬇［SD/WebUIの起動／停止］」の下にある実行ボタン（●で囲まれた▷）をクリックして、コードセルを実行します。

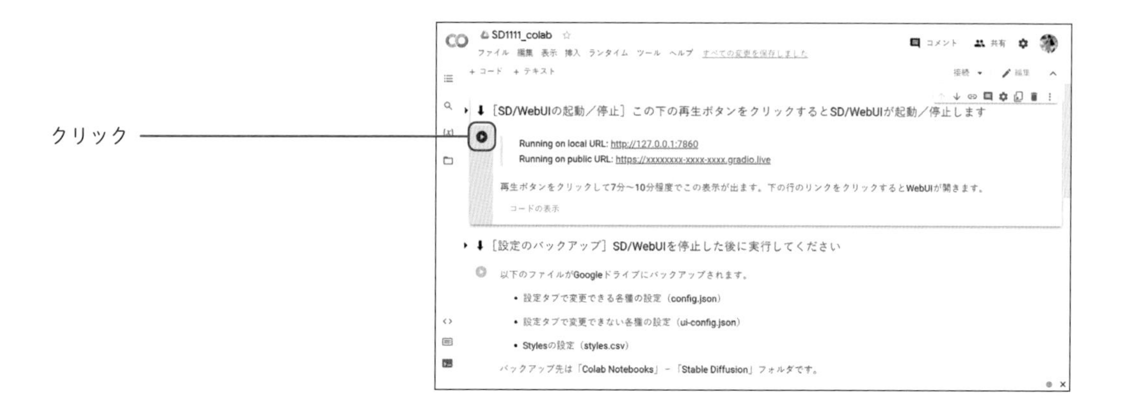

②「警告：このノートブックはGoogleが作成したものではありません。」と表示されます。「このまま実行」をクリックします。

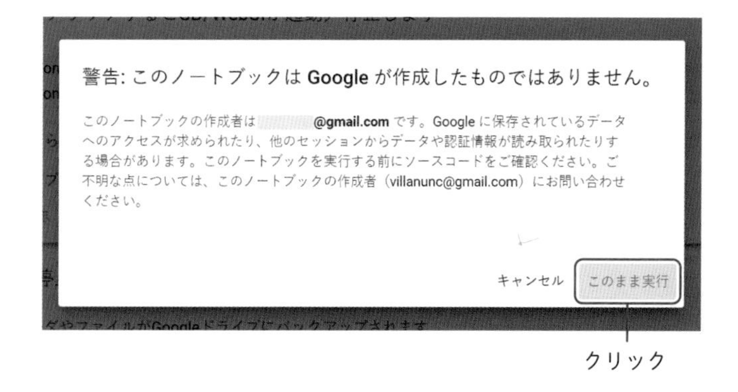

③Googleドライブへの接続を求めるダイアログボックスが表示されます。「Googleドライブに接続」をクリックします。

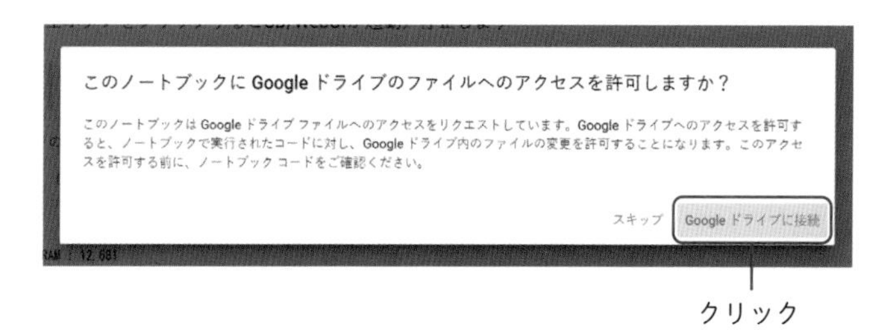

④「アカウントの選択」のウィンドウが表示されます。自分のアカウントをクリックします。

⑤「Google Drive for desktop が Google アカウントへのアクセスをリクエストしています」と表示されます。このページの一番下にある「許可」ボタンをクリックします。

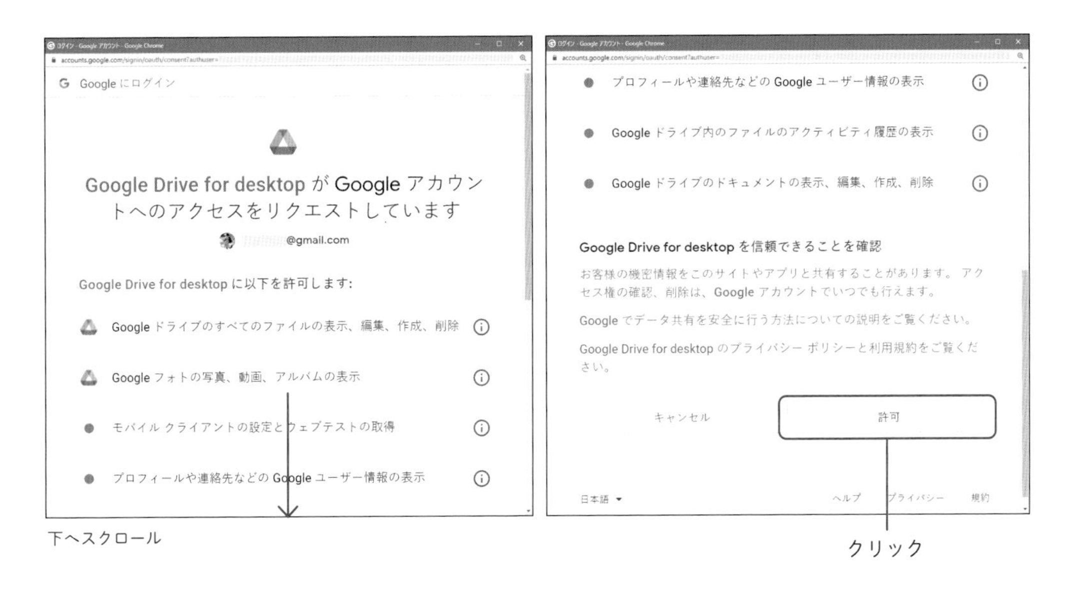

⑥これを終えるとSD/WebUIの起動が進み、7分から10分程度で次のような画面になります。2行あるリンクの下の行、「https://xxxxxxxx-xxxx-xxxx.gradio.live/」(xxxx…の部

分は毎回異なります）をクリックすると、ブラウザのタブが開きSD/WebUIの操作画面が表示されます。

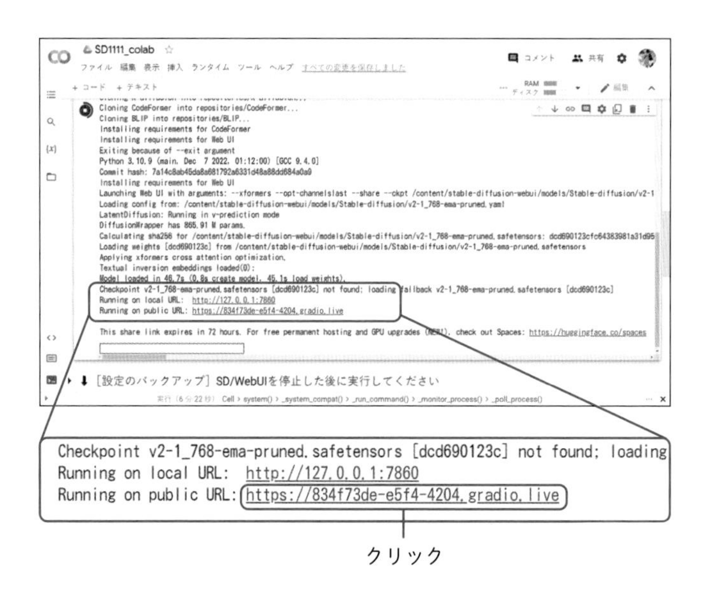

Google Colaboratoryのウィンドウは、SD/WebUIを使っている間は閉じないでください。

画像を生成してみる

SD/WebUIが起動したので、画像を生成してみましょう。

「Prompt（press Ctrl + Enter or Alt + Enter to generate）」欄に`hot air balloon｜熱気球`と入力し、「Width」と「Height」を「768」にして「Generate」ボタンをクリックします。

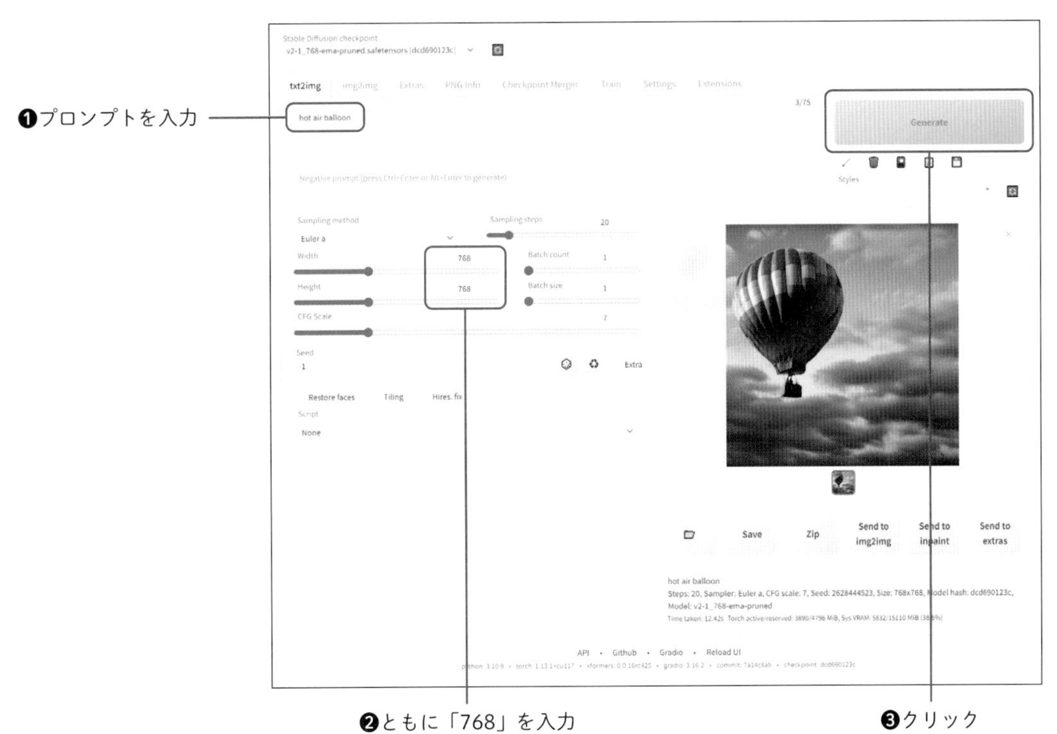

ブラウザに表示されたSD/WebUIの操作画面にプロンプトを入力して「Generate」をクリックすると画像が生成される。生成された画像をクリックすると2段階で大きく表示される

txt2imgで生成した画像は、Googleドライブに保存されています。場所はGoogleドライブの「Colab Notebooks」－「Stable Diffusion」－「outputs」－「txt2img-images」フォルダです。ページ左のツリーにある「▶」をクリックしてフォルダを開くこともできます。

Googleが提供する「パソコン版ドライブ」をインストールすると、生成された画像をPCに自動的にダウンロードできます。ダウンロードページへ移動するには、Googleドライブのページ右上にある歯車をクリックし「パソコン版ドライブをダウンロード」を選びます。

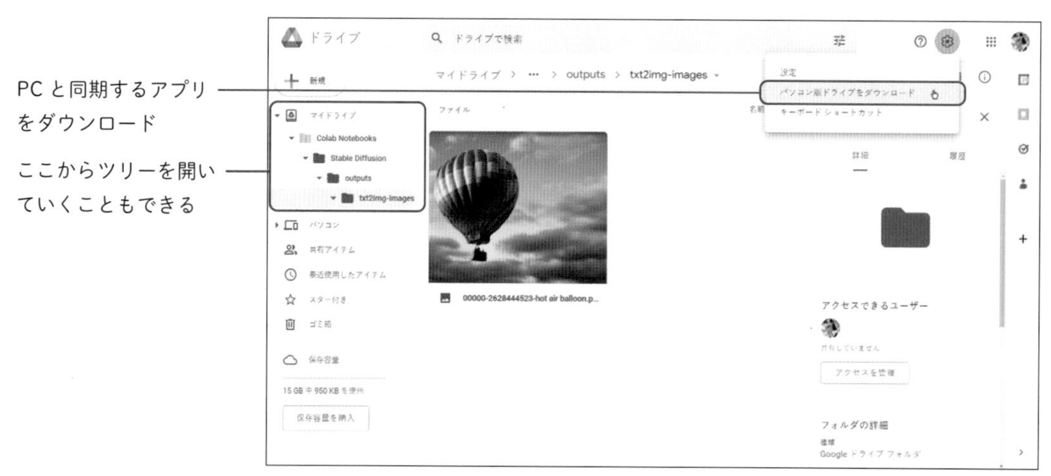

Google ドライブの「Colab Notebooks」－「Stable Diffusion」－「outputs」－「txt2img-images」フォルダに、生成された画像が保存されている

SD/WebUI の操作方法については、詳しくは第3章で解説します。

ノートブックの実行を停止する手順

ブラウザに表示されている SD/WebUI の操作画面を閉じても SD/WebUI は終了しません。SD/WebUI の実行を停止するには、Google Colaboratory のノートブックで起動時にクリックした〔SD/WebUI の起動／停止〕の実行ボタンをもう一度クリックします。

次は、その下にあるコードセルの〔設定のバックアップ〕の実行ボタンをクリックしましょう。各種の設定が Google ドライブにコピーされ、次回の起動時に読み込まれます。

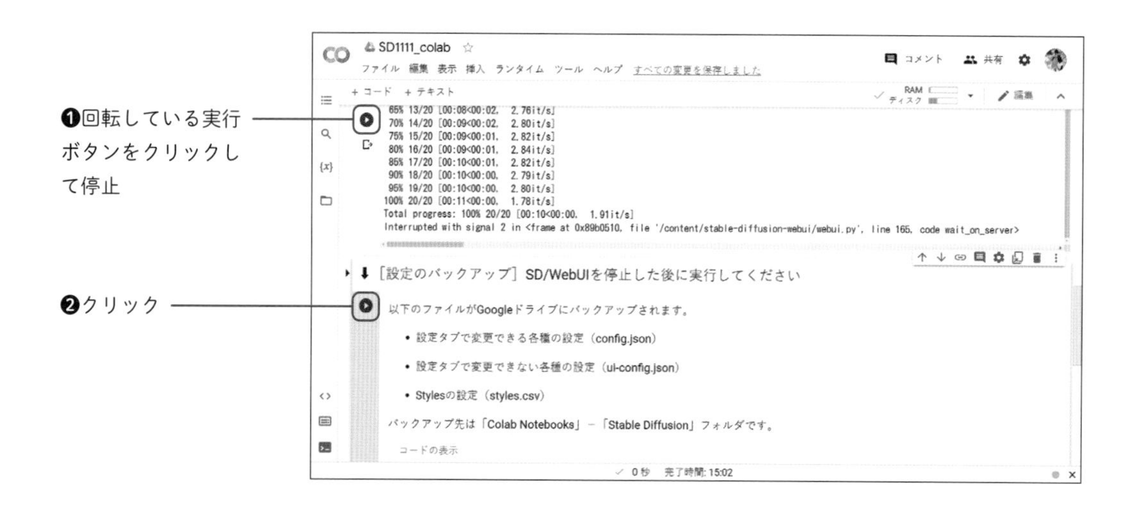

ランタイムへの接続はこまめに解除する

ノートブック内でSD/WebUIを起動するプログラムを実行すると、「ランタイム」という一時的な実行環境へ接続します。そしてランタイムのGPUリソースを消費し始めます。これはSD/WebUIの実行を停止しても変わらず、ランタイムへの接続を解除するまで続きます。

GPUのリソース消費が制限を超えると、次のようなダイアログボックスが出てランタイムのGPUを利用できなくなります。SD/WebUIはGPUがなければ動作しないので、こうなるとSD/WebUIを停止するしかありません。

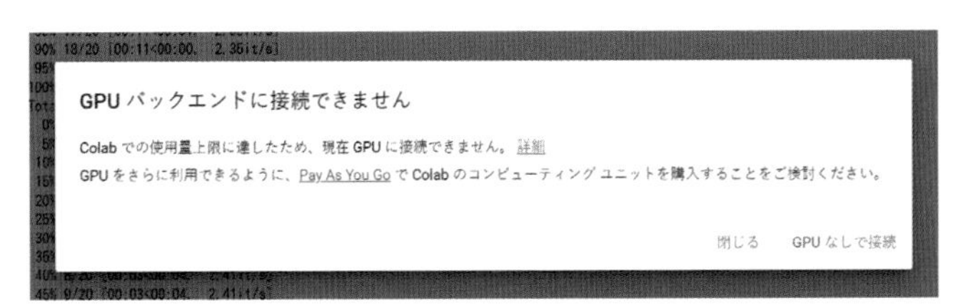

「Colabでの使用量上限に達したため、現在GPUに接続できません」と出てSD/WebUIを使えなくなる

いったんGPUに接続できなくなると、リソースの回復にはおおむね12～24時間ほどかかるようです。SD/WebUIは起動しっぱなしにせず、ランタイムへの接続を解除してGPUリソースの消費を抑えましょう。

ランタイムへの接続を解除するには、「ランタイム」メニューの「ランタイムを接続解除して削除」を選択します。

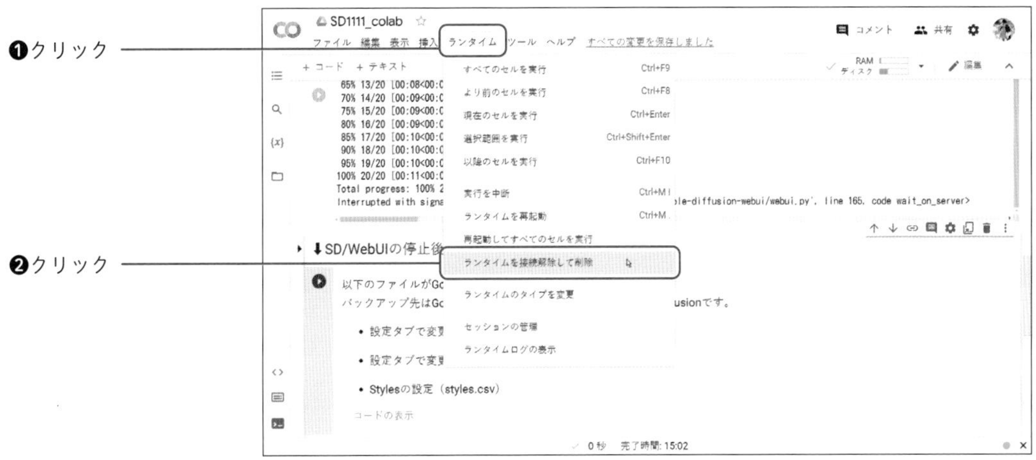

「ランタイム」メニューから「ランタイムを接続解除して削除」を選択

「ランタイムを接続解除して削除」ダイアログボックスが表示されますので、「はい」をクリックします。

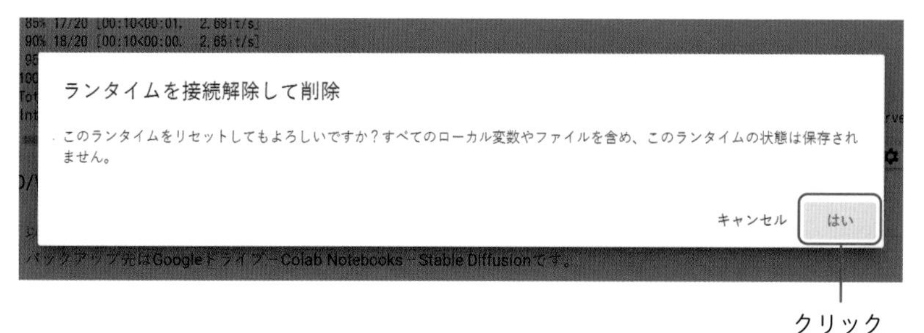

「ランタイムを接続解除して削除」するとランタイム上のすべてのファイルが消える

また、ノートブックを開いたまま1時間半ほどPCを操作しないでおくと、ランタイムへの接続が解除されます。同様に、ノートブックを開いて約12時間経つと、PCを操作していても接続が解除されます。

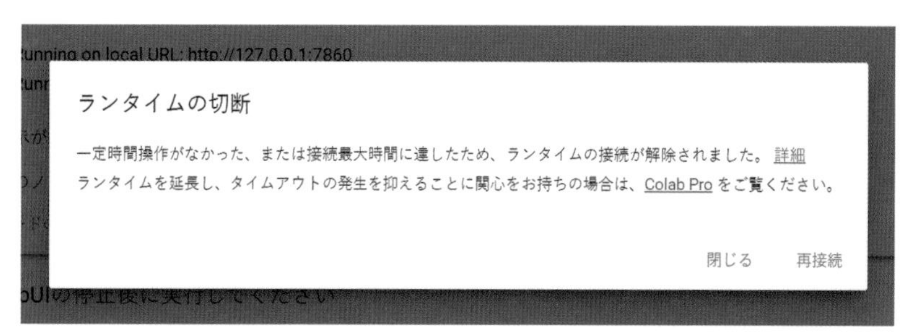

「ランタイムの切断」ダイアログボックス

SD/WebUIを使わないときはコードセルの実行を停止した上で、前述の通り〔設定のバックアップ〕のコードセルを実行してからランタイムへの接続を解除しましょう。

また、SD/WebUIを停止したあと、ランタイムへの接続を解除せずにいた状態でもう一度SD/WebUIを起動するときは、ページ最下部のコードセル〔再起動〕を実行します。必要なファイルのダウンロードやインストールは実施済みなので、1分ほどでSD/WebUIが起動します。

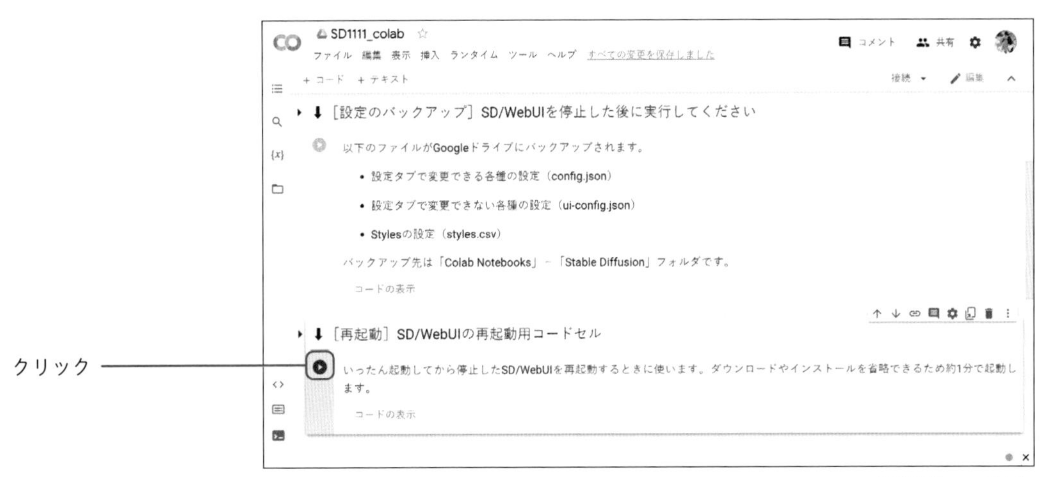
クリック
SD1111_colab
ファイル 編集 表示 挿入 ランタイム ツール ヘルプ すべての変更を保存しました
コメント
共有
+ コード + テキスト
[設定のバックアップ] SD/WebUIを停止した後に実行してください
以下のファイルがGoogleドライブにバックアップされます。
• 設定タブで変更できる各種の設定（config.json）
• 設定タブで変更できない各種の設定（ui-config.json）
• Stylesの設定（styles.csv）
バックアップ先は「Colab Notebooks」－「Stable Diffusion」フォルダです。
コードの表示
[再起動] SD/WebUIの再起動用コードセル
いったん起動してから停止したSD/WebUIを再起動するときに使います。ダウンロードやインストールを省略できるため約1分で起動します。
コードの表示

[再起動] コードセル

2-4

SD/WebUIを日本語化する

SD/WebUI は日本語表示にして利用できます。一部には英語が残りますが、理解しやすくなるはずです。日本語化の手順は、PC 上で実行している場合と Google Colaboratory で実行している場合とで異なります。

SD/WebUIを日本語化する手順

PC 上で SD/WebUI を実行している場合は、日本語化の拡張機能（Extension）をインストールした後に適用すれば、日本語化できます。

一方、Google Colaboratory のノートブックには、起動時に日本語化の拡張機能がインストールされています。そのため、以下の手順⑦から操作してください。

①「Extensions」タブをクリックします。

②「Available」タブをクリックし、「localization」のチェックボックスをオフにしてから「Load from:」ボタンをクリックします。

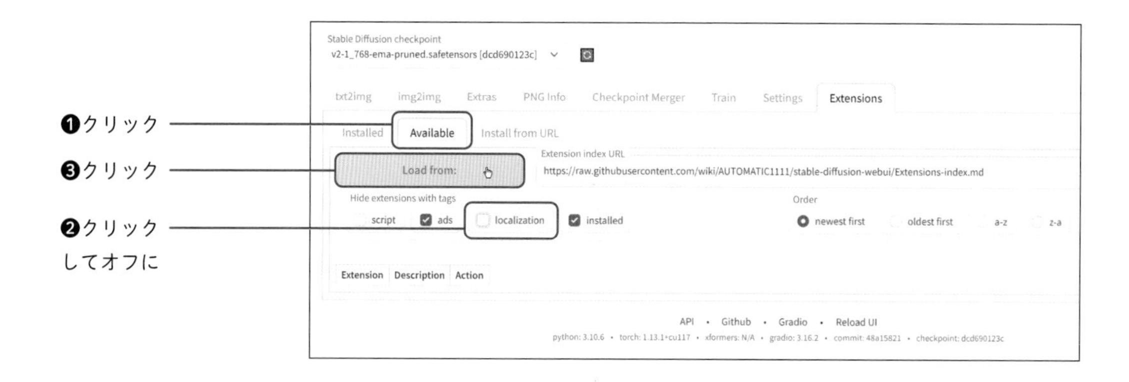

③インストールできる拡張機能の一覧が表示されます。「ja_JP Localization」の「Install」ボタンをクリックします。ページ内検索（［Ctrl］＋［F］）で「ja」を検索するとすぐに見つかります。

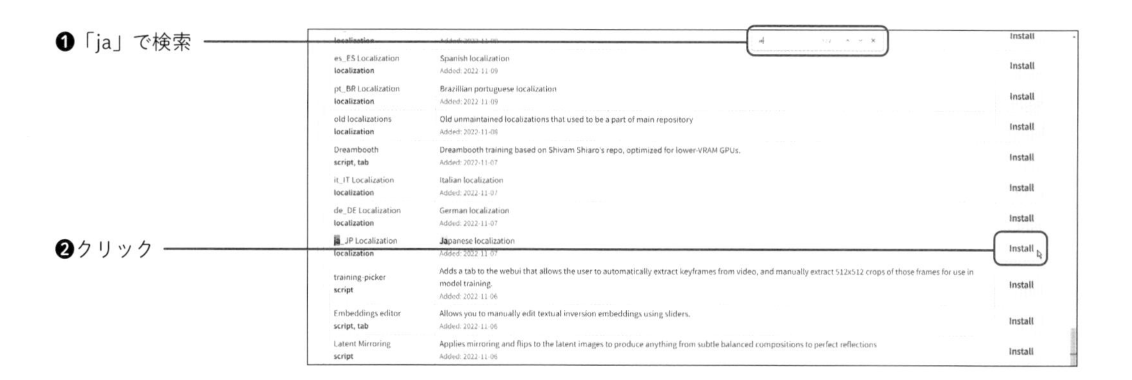

④インストールが終わると「ja_JP Localization」の行は非表示になります。

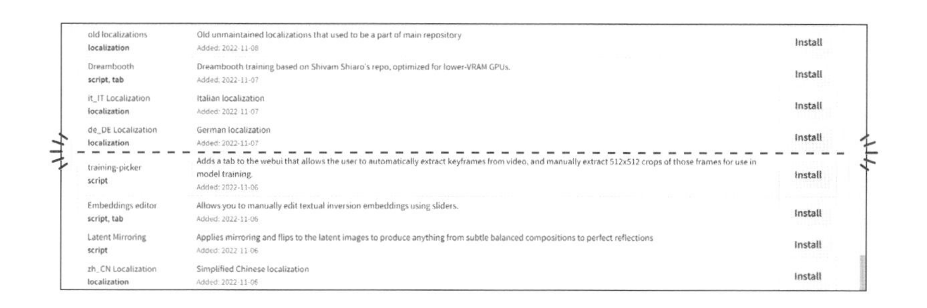

⑤ページの一番上へ戻ると、日本語化の拡張機能がインストールされたことを示すメッセージが表示されています。「Settings」タブをクリックします。

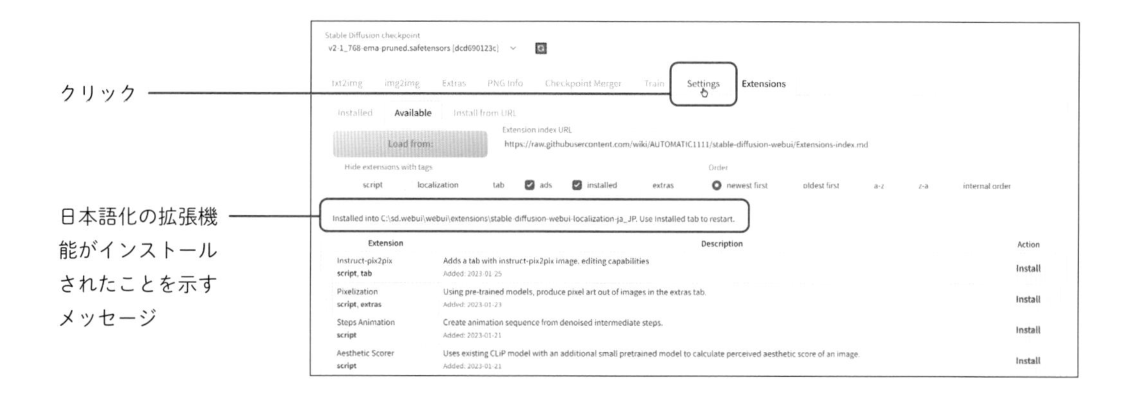

⑥「Reload UI」ボタンをクリックします。

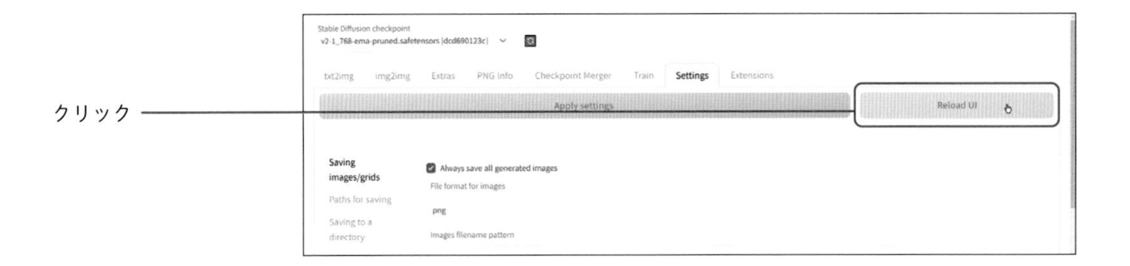

⑦ SD/WebUIが読み込み直されました。ここからはPCとGoogle Colaboratoryで共通の日本語化の手順です。「Settings」タブをクリックします。

⑧左カラムの「User Interface」をクリックします。

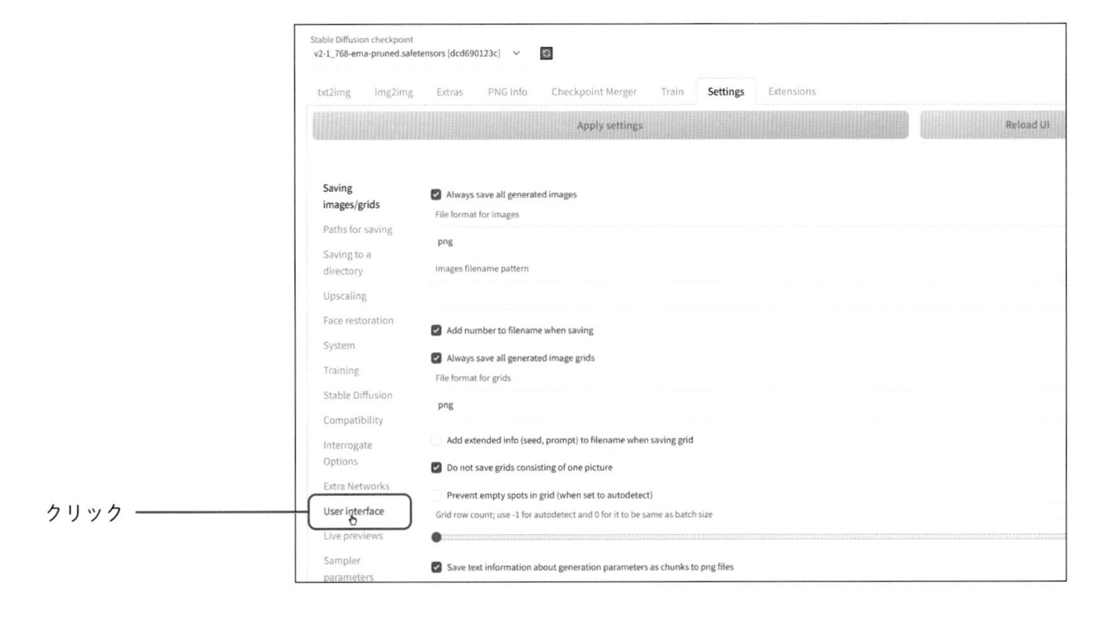

⑨ページ最下部の「Localization (requires restart)」のプルダウンメニューから「ja_JP」を選択します。

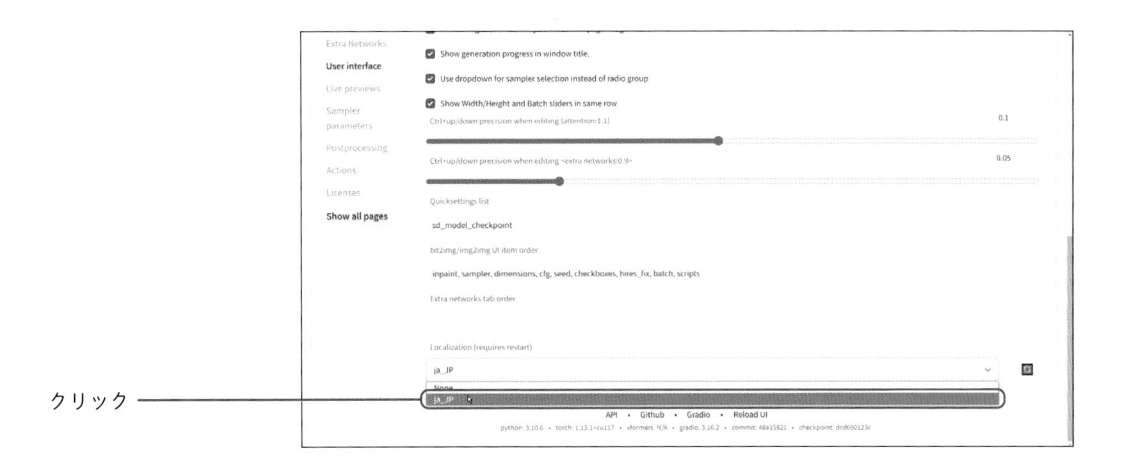

⑩ページ最上部に戻り、「Apply settings」ボタンをクリックしてから「Reload UI」ボタンをクリックします。

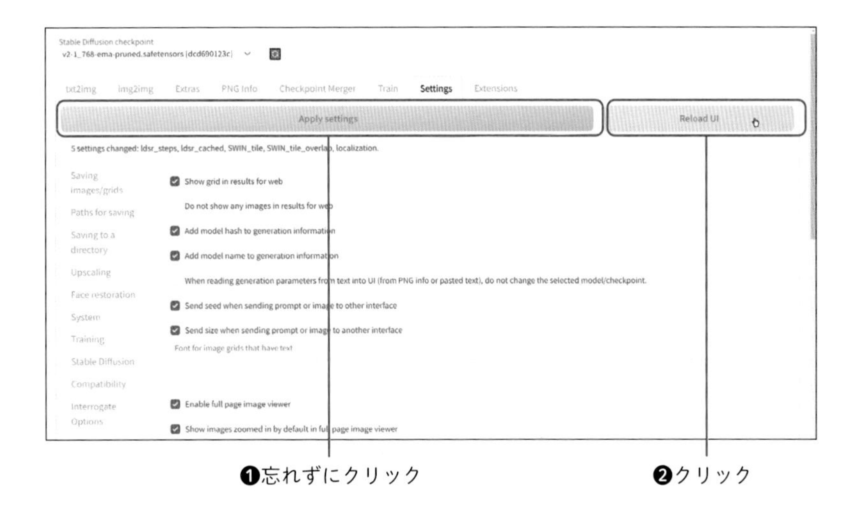

⑪多くの項目が日本語で表示されるようになりました。

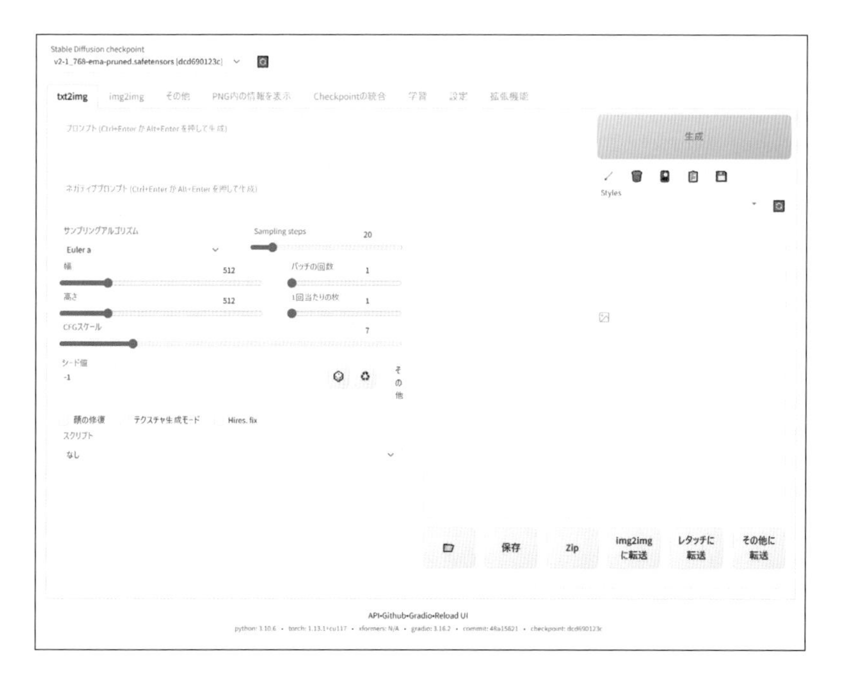

設定を変えたら「Apply settings」ボタンを忘れずに

SD/WebUIの日本語化の手順では、言語設定を「ja_JP」に変更した後、「Apply settings」ボタンをクリックしました。SD/WebUIでは設定を変えても、このボタンをクリックしなければ変更は反映されません。

どこをどのように変更したかがわからなくなったときには、このボタンをクリックせずブラウザをリロードすれば元に戻るのは便利かもしれませんが、それよりもボタンをクリックし忘れる人も少なくないでしょう。

「設定を変えたのに反映されない」と悩んだときは、「Apply settings（日本語化後は「設定を適用」）」ボタンをクリックし忘れていないかを確認してみてください。

第3章 Stable Diffusion WebUIで画像を出力してみよう

3-1

txt2imgの操作画面

SD/WebUI はいくつかのタブを持ち、それぞれに機能が割り当てられています。txt2img のタブに表示される入力欄やボタンについて解説する前に、それぞれの名称や解説しているページを紹介します。

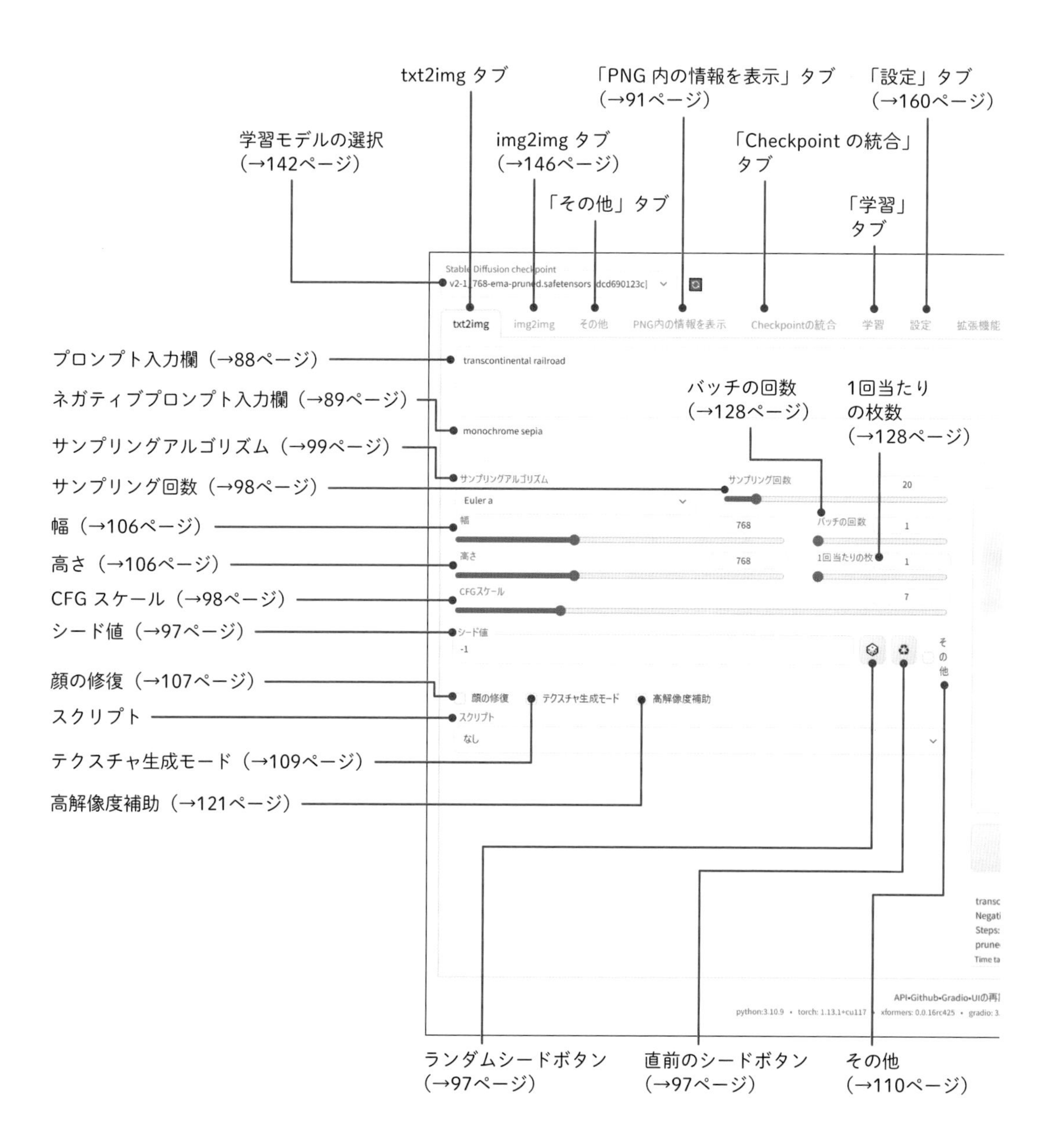

SD/WebUIは機能がとても多く、本書で紹介するのはその一部です。特に追加学習という、複数の画像を用いて、出力される画像の傾向を変える手法については進歩が早いこともあり、本書では扱いません。

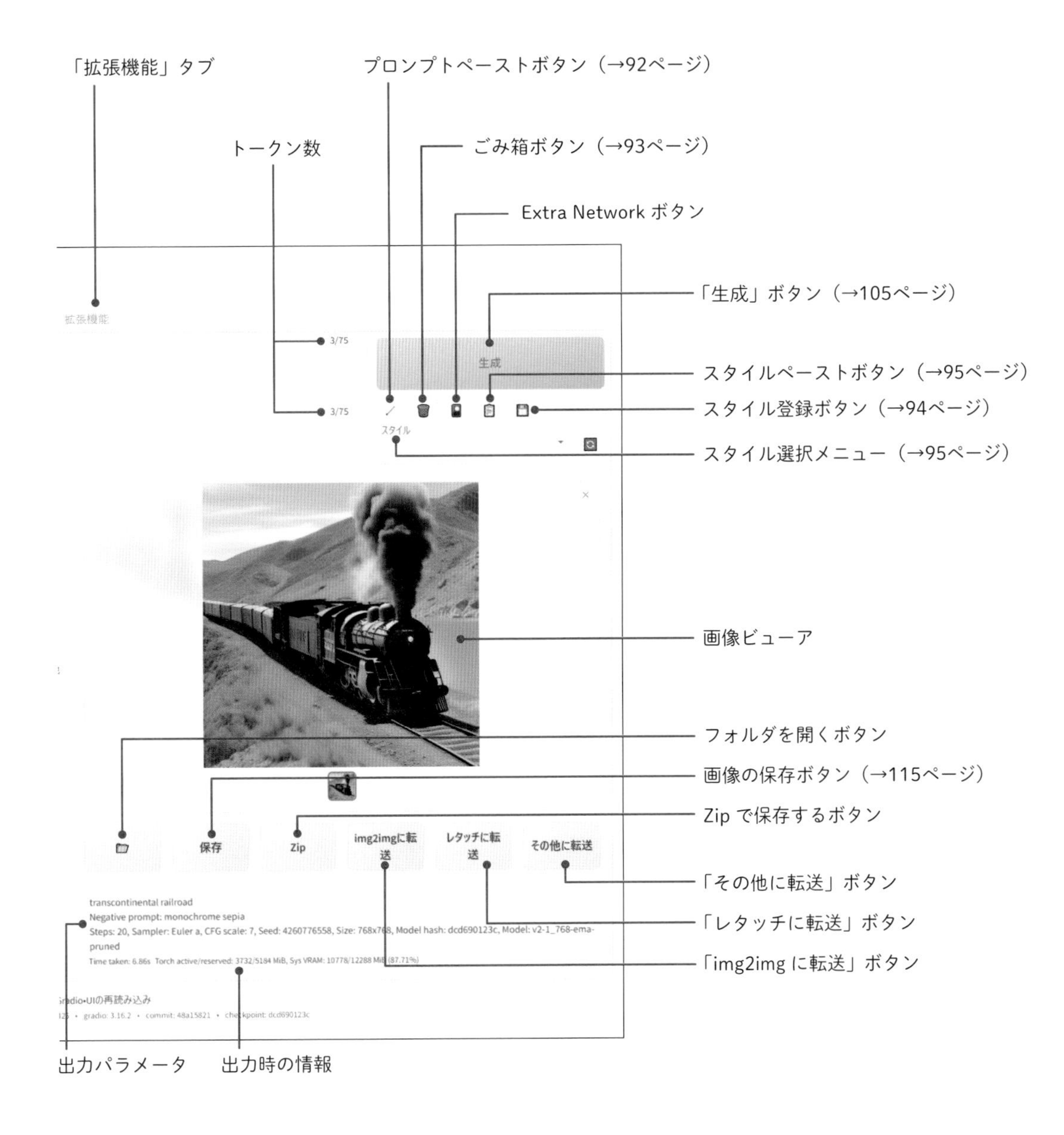

3-2

プロンプトの入力

txt2imgでもimg2imgでも、プロンプトを入力して画像を生成するのは同じです。ここではプロンプトの入力についてや、生成した画像のプロンプトを再利用する方法などを紹介します。

プロンプトの入力欄

これまでプロンプトの入力欄にテキストを入力して、いくつか画像を出力してきました。ここでプロンプト入力にあたっての注意事項をまとめておきましょう。

▶先頭に書かれたプロンプトは出やすく、終わりに書かれたプロンプトは出にくい

プロンプト全体の中での単語の位置が、プロンプトとしての強さに影響します。

特定のプロンプトを先頭へ移動して出やすくする、後ろへ移動して出にくくすることもある程度可能です。プロンプトの順序を変えずに強弱を調整するにはプロンプト強調（→89ページ）を使います。

▶プロンプトは英語で入力する

実は、公式学習モデルは「富士山の写真」という日本語のプロンプトでもそれらしい画像を生成します。それでも「mount Fuji」の方がより富士山らしい画像になります。

英語での表現に迷ったときは、DeepL翻訳（https://www.deepl.com/translator）やGoogle翻訳（https://translate.google.com/）で英訳するとよいでしょう。

▶少々のスペルミスは許容範囲

たとえば `black` 黒 を `blakc` とミスタイプしていても、blackとして扱われます。とはいえスペルミスはない方がよいですから、ブラウザのスペルチェック機能をオンにしておくとよいでしょう。

ネガティブプロンプト

ネガティブプロンプトとは、画像に盛り込みたくない要素を指定するプロンプトです。`monochrome`｜白黒と入れれば白黒の画像が出にくくなりますし、`mutated limb`｜変形した手足を指定すればおかしな手足が出にくくなります。

`detailed`｜きめ細かい `color photo of`｜～のカラー写真 `19th century`｜19世紀 `coal mines`｜鉱山というプロンプトで出力した画像。カラー写真と指定しても白黒だったり、着色写真のような薄い色がつく程度

ネガティブプロンプトに`monochrome`｜白黒 `sepia`｜セピアを追加したところ、くっきりした色が付いた

プロンプト強調

特定のプロンプトを強めたり弱めたりすることも可能です。

`(prompt:1.2)`のように、プロンプトの前後を半角カッコで囲み、プロンプトの後ろにカンマと数字を書くと、そのプロンプトがより強くSD/WebUIに伝えられます。数字を1より小さくすれば、ほかのプロンプトより弱いものとして扱われます。

プロンプト強調は、プロンプトをより強く、あるいは弱く画像に盛り込んでほしいときに便利なのです。

basket full of｜かごいっぱいの (apple:1.2) and｜リンゴと pear｜洋梨で出力した画像。リンゴのほうが洋梨より多い

basket full of｜かごいっぱいの (pear:1.2) and｜洋梨と apple｜リンゴで出力した画像。洋梨の割合が上がった

プロンプトをカッコで囲むショートカットキーもあります。

強調したいプロンプトを選択し、［Ctrl］キーを押しながらカーソルキーの上か下を押すとカッコで囲まれ、「1.1」や「0.9」といった数値が入力されます。

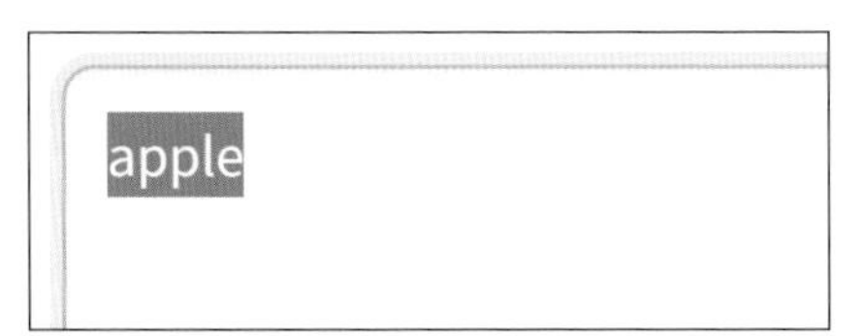

プロンプトを選択状態にする

(apple:1.1)

［Ctrl］キー＋［↑］や［Ctrl］キー＋［↓］でカッコに囲まれ、数値が入力される

さらに、プロンプト強調は数字を直接入力しなくても調整できます。

カッコ内にカーソルを置き、〔Ctrl〕キーとともに〔↑〕や〔↓〕のキーを押すと数値が0.1ずつ上下するのです。

(apple:1.2)

カッコ内の任意の位置にカーソルを置く

(apple:1.3)

〔Ctrl〕キー＋〔↑〕や〔Ctrl〕キー＋〔↓〕で数値を調整できる

PNG内の情報を表示

SD/WebUIで生成された画像ファイルには、生成時のパラメータが埋め込まれています。

以前生成した画像のプロンプトやその他のパラメータを知りたいときは、「PNG内の情報を表示」タブをクリックして、枠内に画像ファイルをドラッグ＆ドロップします。すると右側のペインに各種のパラメータが表示されます。

生成済みの画像をドラッグ＆ドロップするとパラメータが表示される

ここで「txt2imgに転送」ボタンをクリックするとtxt2imgタブに切り替わり、学習モデルやプロンプト、各種のパラメータが指定されます。ここで「生成」ボタンをクリックすると、以前と同じ画像が出力されます。

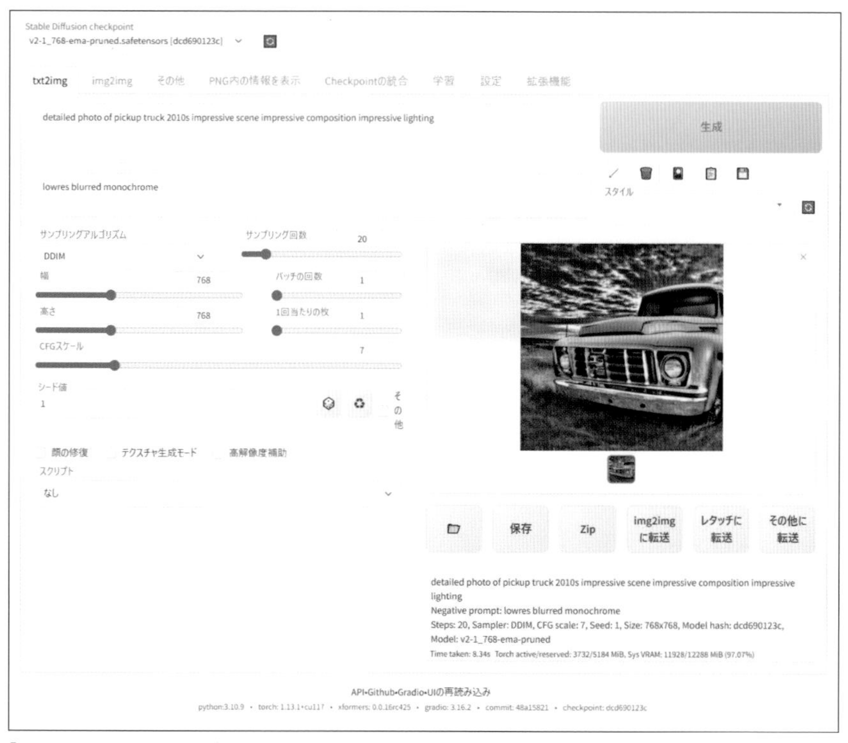

「PNG内の情報を表示」タブの「txt2imgに転送」ボタンで指定されたパラメータで画像を生成すると、生成済みの画像と同じ画像が出力される

ボタンによるペーストとプロンプト欄の消去

「PNG内の情報を表示」タブや画像ビューアの下に表示されている3行の生成パラメータは、「txt2imgに転送」ボタンなどを使わずに入力できます。

この生成パラメータをプロンプト入力欄にコピー＆ペーストしてから、その右にある斜め矢印のボタンをクリックします。すると、「PNG内の情報を表示」から「txt2imgに転送」ボタンをクリックしたのと同じように各パラメータが適用されるのです。

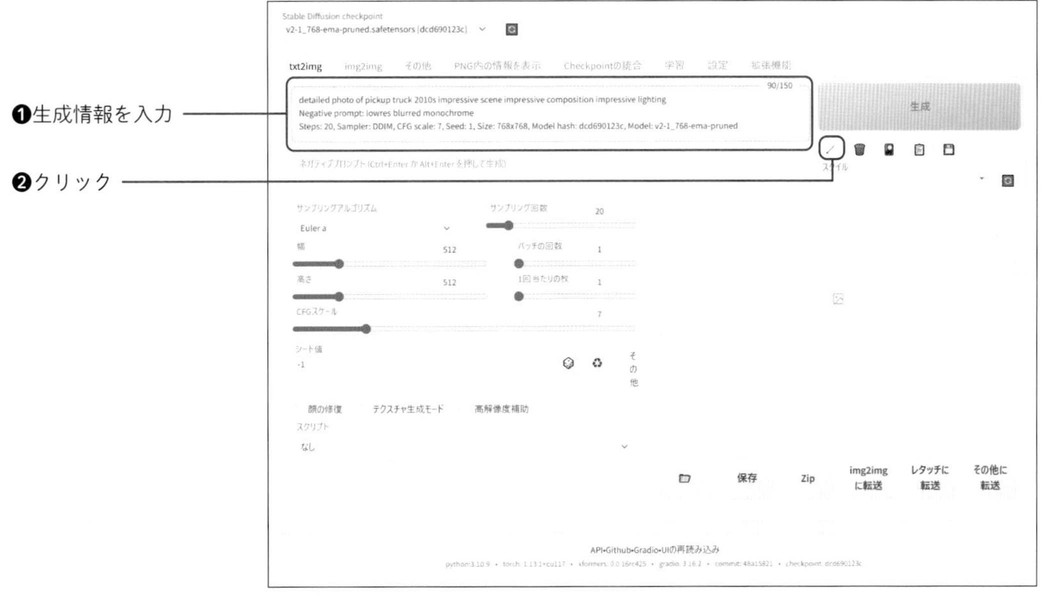

プロンプト欄に生成情報を入力し「↙」ボタンをクリックする

生成情報がプロンプトとネガティブプロンプトに振り分けられ、各種のパラメータが適用される

「↙」ボタンの右にあるごみ箱のボタンは、入力されているプロンプトを消去するために使われます。クリックすると確認メッセージが表示され、「OK」ボタンをクリックするとプロンプト欄とネガティブプロンプト欄がクリアされます。

ごみ箱のボタンをクリックしたあと「↙」ボタンをクリックすると、直前の画像生成で指定されたプロンプトやパラメータに戻ります。これはSD/WebUIを起動した直後も有効です。

ただし、Google Colaboratoryで起動した直後は「↙」ボタンをクリックしても、前回のプロンプトやパラメータが差し込まれることはありません。

プロンプトをスタイルに登録

プロンプトやネガティブプロンプトは、登録しておくことで、後で呼び出せます。「生成」ボタンの下にある5つのボタンの右端、フロッピーディスクのボタンをクリックすると、現在のプロンプトが「スタイル」として登録されます。

スタイルを呼び出すには、その下の「Styles」メニューからスタイル名をクリックします。このとき、複数のスタイル名を登録してあればまとめて選ぶこともできます。

この状態で「生成」ボタンをクリックすると、スタイル内のプロンプトが自動的に追加されて画像が出力されます。

また、フロッピーディスクのボタンの左にあるクリップボードのボタンをクリックすると、プロンプトやネガティブプロンプトにスタイルを入力することもできます。

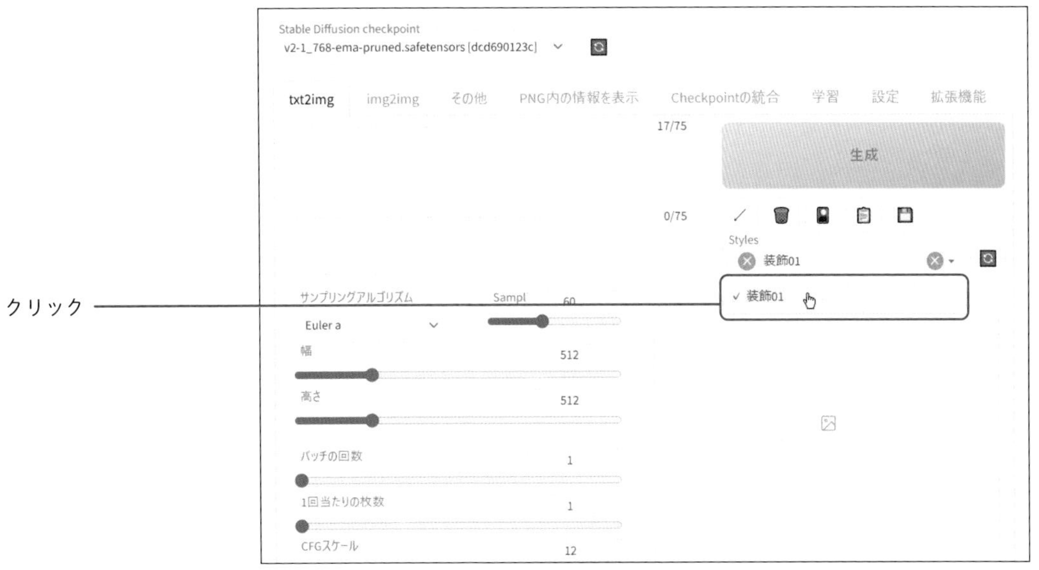

選択したスタイルのプロンプトが画像生成時に自動挿入される

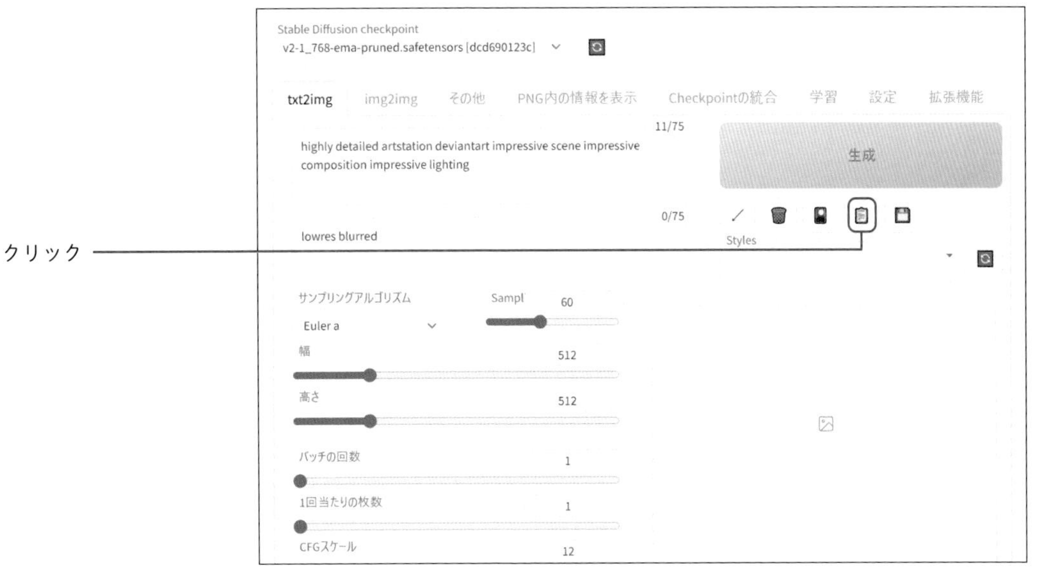

クリップボードのボタンをクリックすると、スタイルに登録されたプロンプトが入力される

ただし、このやり方でスタイルに保存されるのはプロンプトとネガティブプロンプトのみです。その他のパラメータはスタイルに含まれません。

パラメータも含めてスタイルに登録したいときは、先ほど紹介した3行の生成パラメータをプロンプト欄に入れてスタイルに登録しましょう。こうしたスタイルを呼び出し、プロンプト欄に入力して「↙」ボタンをクリックすると、プロンプトが入力されるだけでなく、各種のパラメータも調整されるのです。

なお、SD/WebUIの起動時に指定されている、各種の生成パラメータの既定値を変更する方法については169ページで解説しています。

プロンプト欄に生成情報を入力してスタイルに登録しておき、そのスタイルを呼び出す

「↙」ボタンをクリックすることでパラメータも調整される

ほかにも、特定の文字列をプロンプトやネガティブプロンプトに入れて使う学習モデルもあり、そのプロンプトをスタイルに登録しておく使い方もあります。

スタイルの情報は、SD/WebUIがインストールされているフォルダの「styles.csv」に記録されています。このファイルを表計算ソフトやテキストエディタで開くとスタイルを直接登録したり、不要になったスタイルを削除したりできるのです。

3-3

3つのパラメータとサンプリングアルゴリズム

SD/WebUIでの画像の生成にあたっては、パラメータを3つ指定することになります。シード値とサンプリング回数、そしてCFGスケールです。これらに加えて、さまざまなサンプリングアルゴリズムも選ぶことができます。

シード値、サンプリング回数、CFGスケール

SD/WebUIのさまざまなパラメータについて解説します。

シード値（Seed）

シード値は、拡散モデルで画像を生成する元となる、ノイズだけの画像を作る種（シード）の数値です。

シード値が同じであればノイズだけの画像も同じになるため、サンプリング回数やCFGスケールを変えても生成される画像は似たものになります。

一方、シード値が1つでも違うと出てくるノイズもまったく変わるため、シード値が近くても似た画像が出てくるわけではありません。

SD/WebUIの「シード値」の欄には最初、「-1」が入力されています。これは画像を生成するたびにランダムなシード値を指定する特別な数字です。

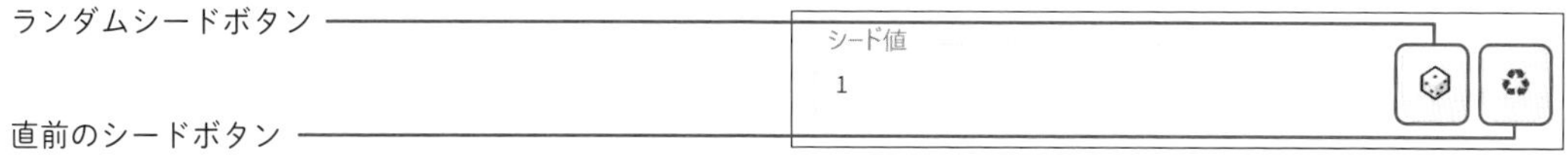

シード値の入力欄と2つのボタン

シード値の右にあるサイコロは、シード値に「-1」を入力するためのボタンです。

さらに右にあるリサイクルマークのボタンは、直前の生成で使われたシード値を入力するものです。シード値が「-1」、つまりランダムなシード値で画像を生成してからこのボタンをクリックすると、シード値には「-1」ではなく、その画像を生成するのに使われたシード値が入力されます。

サンプリング回数（Sampling steps）

拡散モデルによる画像生成では、ノイズだけの画像からノイズを少し除去する処理（サンプリング）を繰り返します。サンプリング回数は、ノイズ除去を何回行って出力画像とするかを指定するもので、「ステップ数」とも呼ばれます。

この後で解説するサンプリングアルゴリズムにもよりますが、一般にサンプリング回数が多いほど精細な画像になります。一方でサンプリング回数を増やすと、それだけ画像の生成に時間がかかるのです。

左からサンプリング回数2回、4回、7回、15回、30回。1回のサンプリングごとに画像のノイズが減り、精細な画像になっていく

CFG スケール

CFG スケールは、プロンプトに対してどれだけ忠実な画像を生成するかを指定します。数が大きいほどプロンプト通りの画像を生成しようとし、公式の学習モデルであれば一般に7から11程度の数値を選ぶことになります。

スライダバーや数字の入力欄の操作

ここで、SD/WebUI のパラメータ調整に使われるスライダバーと数値入力欄の操作を説明しておきます。

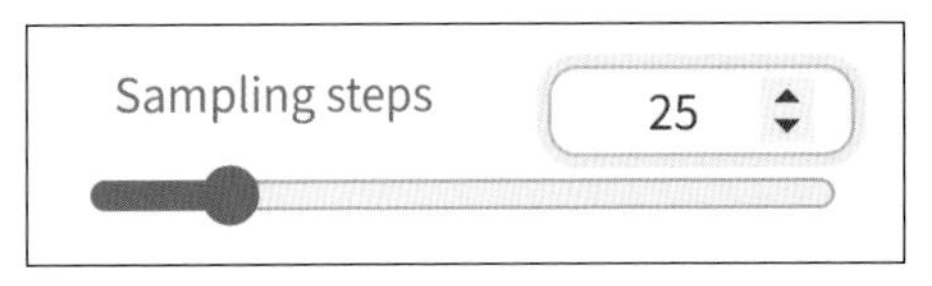

サンプリング回数を指定するスライダバー

スライダバーは青い丸をドラッグして動かせるほか、数字部分をクリックすることで数値を直接入力することも可能です。

また、数値欄の右に出る小さな三角をクリックすると数値が上下します。数字部分にカーソルがあるときは、カーソルキーの上下で数値を増減させることも可能です。小さな三角のクリック1回や、カーソルキーの入力1回で数値がいくつ変化するかはスライダバーによって異なります。

各スライダバーの初期値のほか、クリックやキー操作で増減する数値の量を変更する方法は170ページで紹介しています。

サンプリングアルゴリズム（Sampling method）

SD/WebUIでは、拡散モデルで画像を生成するにあたり、ノイズを除去するさまざまなアルゴリズムが提供されています。これが「サンプリングアルゴリズム」です（SD/WebUIの中では一部、「サンプラー」と表記されています）。

サンプリング回数を上げると画像が大きく変化するもの、比較的少ないサンプリング回数でも安定した画像になるものなど、サンプリングアルゴリズムにはそれぞれ特徴があります。

画像の生成にかかる時間は、同じサンプリング回数でもアルゴリズムによって早いものと遅いものがあります。早いサンプリングアルゴリズムは遅いものの半分ほどで画像を出力します。

以下に、SD/WebUIで利用できるサンプリングアルゴリズムを、出力される画像の傾向が似ているもので分類しました。

a系

- サンプリングが早い…Euler a、DPM fast
- サンプリングが遅い…DPM adaptive、DPM2 a Karras、DPM2 a、DPM++ 2S a、DPM++ 2S a Karras

アルゴリズム名に「a」が含まれているものと、DPM adaptive、DPM fastはいずれも出力される画像の傾向が似ています。

これらのアルゴリズムは、サンプリング回数が変わると、しばしば出力画像が大きく変化します。そのため、生成画像の微調整はほかのパラメータで行うことになります。

またEuler aの特徴は、比較的少ないサンプリング回数で画像品質が安定し、サンプリングも早いことです。

DPM Fastはサンプリング回数がおおむね50以上になるまで、出力画像が安定しません。1回のサンプリングは早いのですが、サンプリング回数を多くする必要があるため、生成画像の品質を他と同程度にするのに時間がかかるのです。

DPM adaptiveはサンプリング回数を変えても常に同じ画像が出力される特殊なアルゴリズムです。ただし、1枚出力するのに非常に時間がかかります。

SDE系

- サンプリングが遅い…DPM++ SDE、DPM++ SDE Karras

SDE系のサンプリングアルゴリズムには、名称に「SDE」が含まれます。SDE系もサンプリング回数を増やしていくと、画像の内容や構図がしばしば大きく変わります。

Euler系

- サンプリングが早い…Euler、LMS、DPM++ 2M、LMS Karras、DPM++ 2M Karras、DDIM、PLMS
- サンプリングが遅い…Heun、DPM2、DPM2 Karras

Euler系のサンプリングアルゴリズムは、比較的少ないサンプリング回数で品質が安定します。またサンプリング回数を大きく変えても画像の内容や構図があまり変化しません。

そのため、少ないサンプリング回数で多くの画像を出力し、その中から気に入るものを選ぶといった利用法が考えられます。

EulerやDDIMはサンプリングが早く、構図も安定しているためこうした利用法が適しているのです。

LMS Karrasは、Stable Diffusionの公式学習モデル（バージョン2.1）ではサンプリング回数を80まで増やすとかえってノイズが増えました。

PLMSは出力される画像の傾向はEuler系ですが、公式学習モデルでは正常な出力結果を得られませんでした。でりだモデルでは問題なく出力されるものの、サンプリング回数が20回では少なすぎるようです。

サンプリングアルゴリズムによる出力

以下に、Stable Diffusionの公式学習モデルと「でりだモデル」を使い、各サンプリングアルゴリズムでサンプリング回数を変えながら出力してみた結果を掲載します。

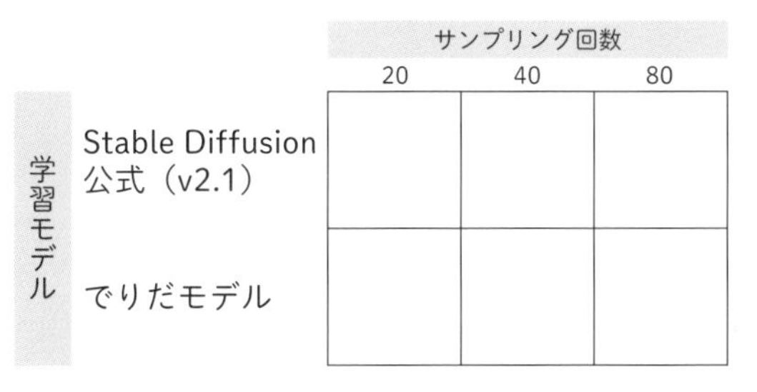

Euler a

a系　早

Euler

Euler系　早

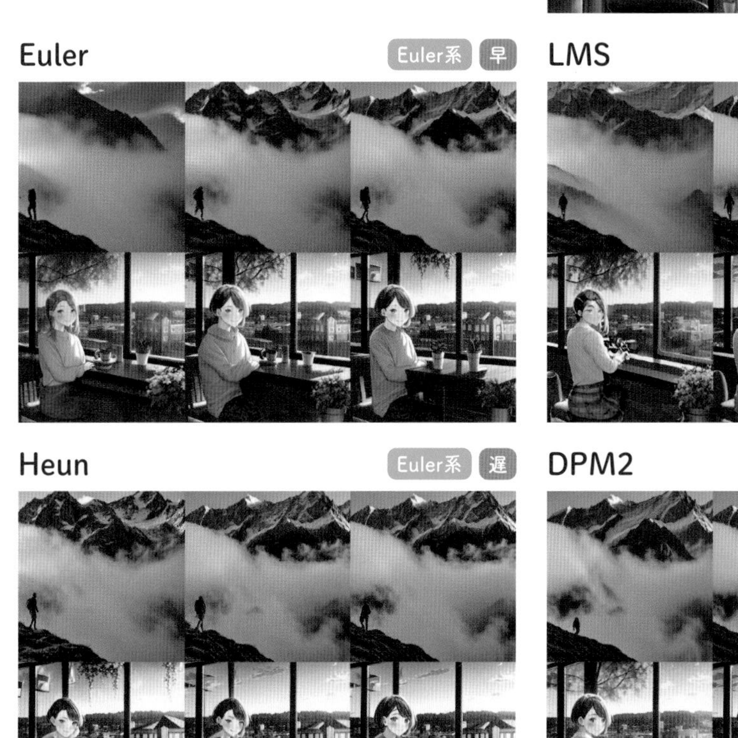

LMS

Euler系　早

Heun

Euler系　遅

DPM2

Euler系　遅

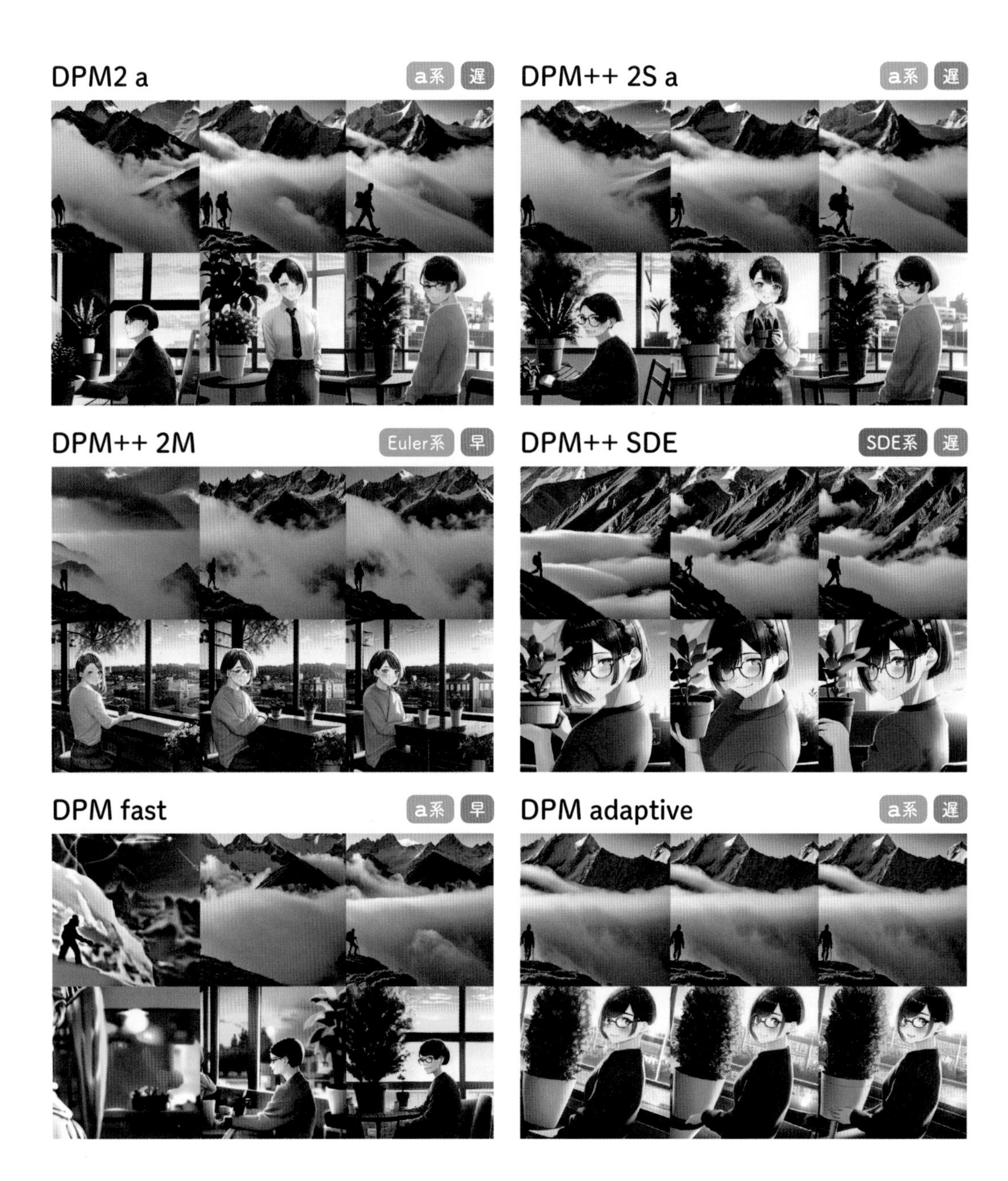
DPM2 a
a系
遅
DPM++ 2S a
a系
遅
DPM++ 2M
Euler系
早
DPM++ SDE
SDE系
遅
DPM fast
a系
早
DPM adaptive
a系
遅

LMS Karras
Euler系
早
DPM2 Karras
Euler系
遅
DPM2 a Karras
a系
遅
DPM++ 2S a Karras
a系
遅
DPM++ 2M Karras
Euler系
早
DPM++ SDE Karras
SDE系
遅

DDIM

Euler系　早

PLMS

Euler系　早

3-4

画像の生成

SD/WebUIで実際に画像を生成する際の操作や機能について解説します。実は「生成」ボタンにも気付きにくい便利な機能が隠されています。

画像を生成し続ける方法

「生成」ボタンを右クリックすると、「Generate forever」と「Cancel generate forever」のメニューが表示されます。「Generate forever」を選択すると、次に「Cancel generate forever」を選択するまで画像を生成し続けます。

この機能の特徴は、画像を生成し続けている間、プロンプトや各種のパラメータを変更すると次の画像の生成から反映されることです。思い通りの画像が出力されるまで試行錯誤するのに向いています。

「生成」ボタンの右クリックで表示されるメニュー

画像生成ボタンの「中断」と「スキップ」

画像の生成中は、「生成」ボタンが「中断」と「スキップ」のボタンに分かれます。「中断」ボタンをクリックすると、すべての画像生成を中止します。「スキップ」は複数の画像をまとめて生成している最中に、現在の画像生成をやめて次の生成に移るボタンです。

ただし、上の「Generate forever」を実行中は「中断」ボタンが使えません。ボタンを右クリックしてメニューから「Cancel generate forever」を選ぶ必要があります。

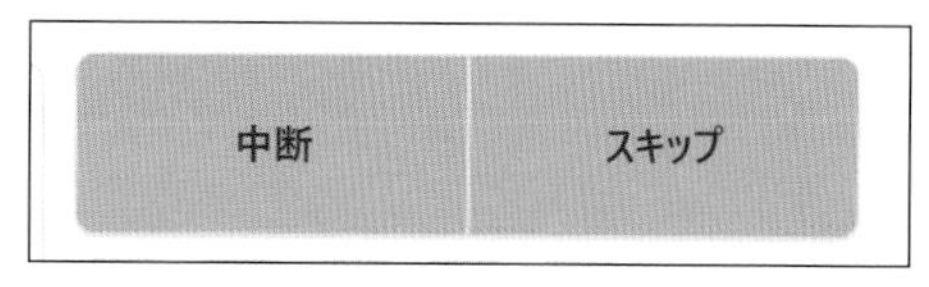

「中断」ボタンはすべての画像生成を停止、「スキップ」ボタンは次の画像の生成に移る

画像の幅と高さ

「幅」と「高さ」で、生成する画像の縦と横のピクセル数を指定します。右にある「⇅」のボタンをクリックすると、幅と高さの数値を入れ替えることができます。

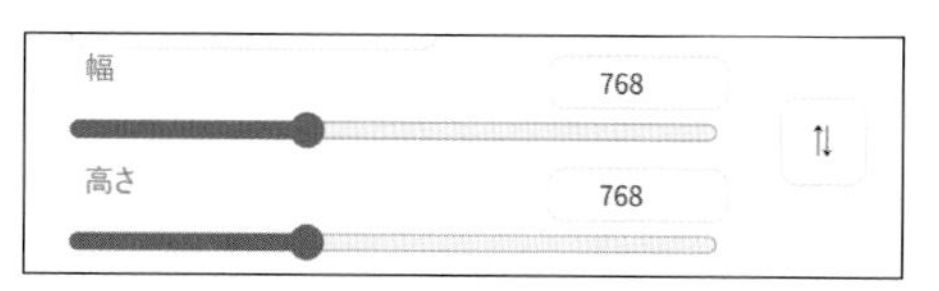

生成する画像の幅と高さを指定するスライダバー

生成する画像の適切なサイズは、学習モデルによって異なります。これは、学習に使った画像のサイズが学習モデルによって異なるためです。たとえば公式の学習モデル（本書で扱っているバージョン2.1）は768×768ピクセル、でりだモデルは512×512ピクセルの画像で学習しており、これらが画像の生成に最適なサイズとなります。

もちろんこれ以外の解像度を指定しても画像を生成することは可能ですが、基準となるサイズから離れるほど画像の品質が下がりやすくなります。そのため、大きな画像を出力する方法がいくつか用意されています（→118ページ）。

画像が生成されたらブラウザが通知を出すようにする

画像の生成を待つ間にPCでほかの作業をしていると、画像の生成が終わっても気付かないことがあります。そのため、画像が生成されたらブラウザが通知を出すように設定しましょう。

「設定」タブの「Actions」にある「ブラウザに通知の許可を要求」のボタンをクリックします。すると「～が次の許可を求めています／通知の許可」というダイアログボックスが表示されるので、「許可する」ボタンをクリックします。

❶「設定」をクリック

❹「許可する」をクリック

❸「ブラウザに通知の許可を要求」をクリック

❷「Actions」をクリック

ブラウザに通知を許可するための操作

画像の生成が終わると、ブラウザが通知を出してくれます。

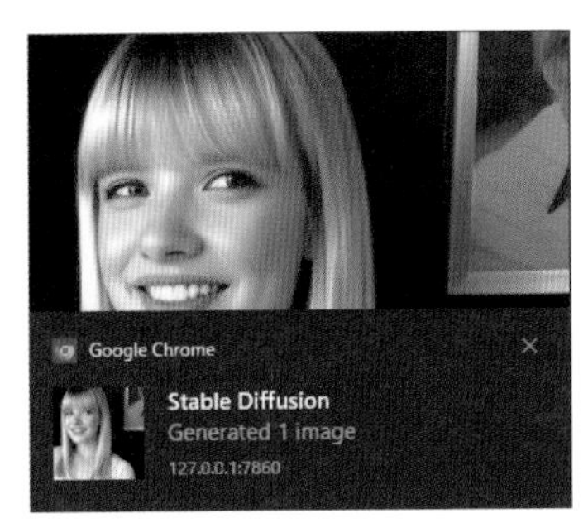

Google Chrome の場合、このような通知が出るようになる

顔の修復

実写やそれに近い顔の画像を出力するとき、顔のパーツの出力品質を上げる設定が可能です。
「顔の修復」のチェックボックスをオンにして、顔のアップを含む画像を生成してみましょう。初めて使うときは、顔修復に使うデータをダウンロードするため少し時間がかかります。

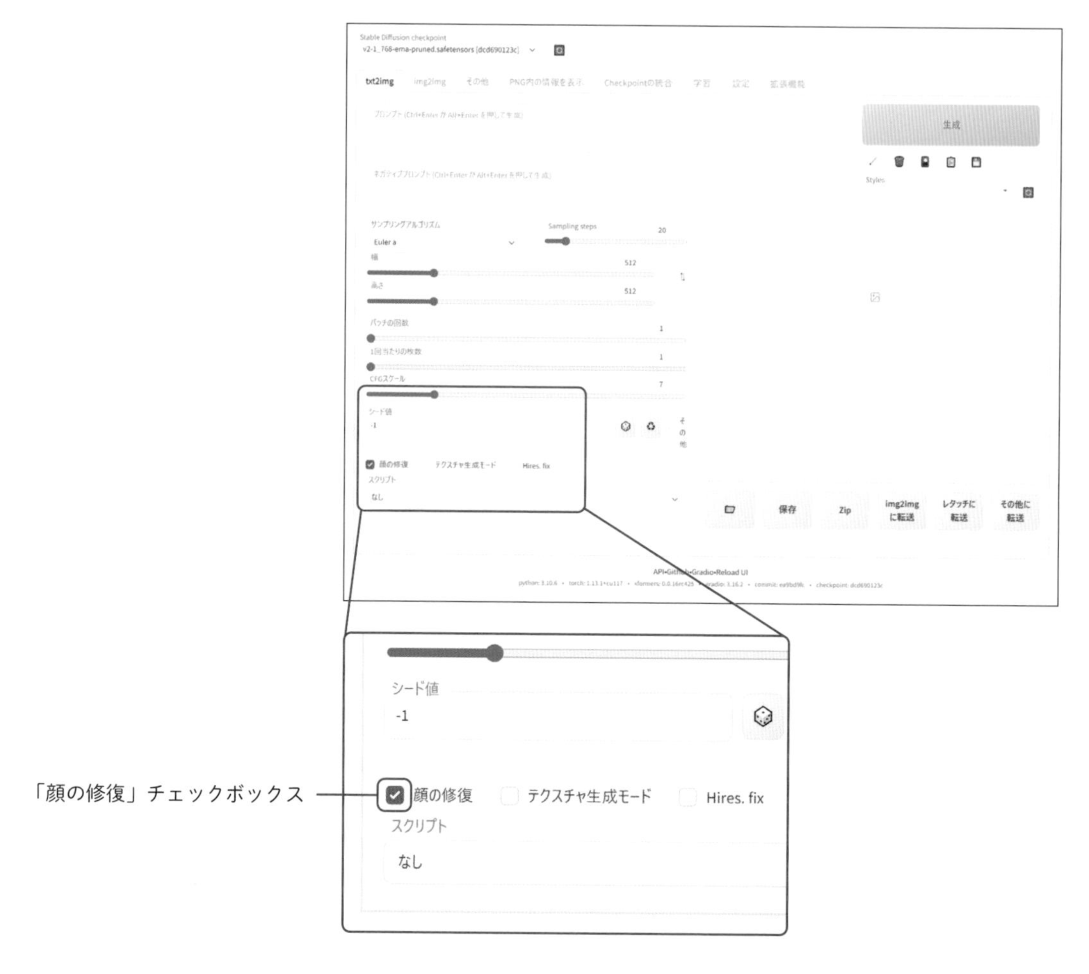

左が「顔の修復」を使わず、右は「顔の修復」を使った画像。顔のパーツの描写がより自然になっている

この「顔の修復」は写真向けの機能であり、アニメ的なイラストには向きません。AIが目を口と誤認して、しばしば下まぶたが下くちびるに置き換えられたりします。

テクスチャ生成モード

「テクスチャ生成モード」をオンにすると、タイルのように並べたとき、上下左右が無理なくつながる画像が生成されます。

テキスタイルや3Dグラフィックのテクスチャ（→29ページ）の作成に向くオプションなのです。

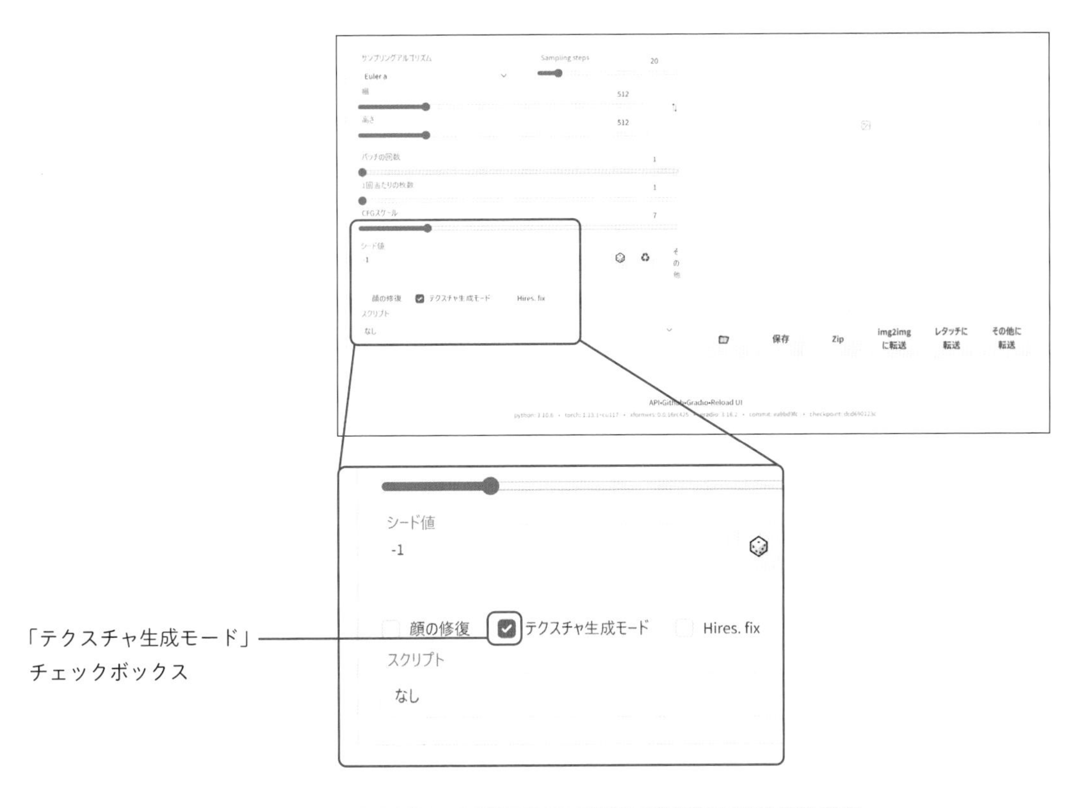

「テクスチャ生成モード」をオンにして生成した画像の例

複数並べると自然につながって見える

画像のバリエーションを生成する

生成された画像と少し異なる画像を出力する機能が「バリエーション」です。「その他」チェックボックスをオンにすると、設定のための入力欄やスライダバーが表示されます。

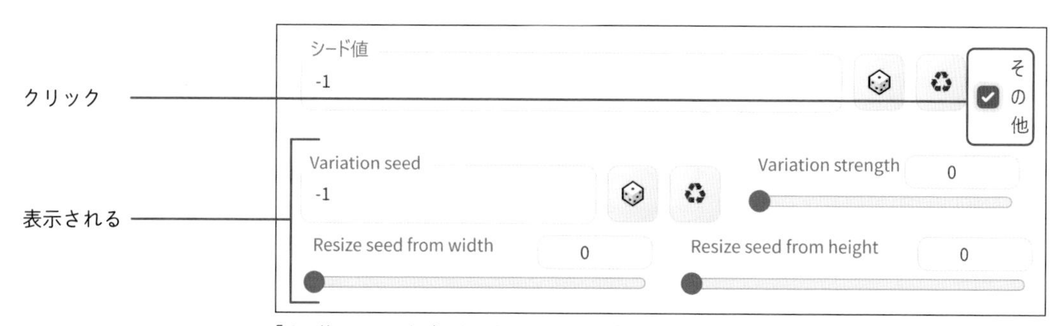

「その他」チェックボックスをオンにすると表示されるコントロール。「シード値」の下の「Variation seed」と「Variation strength」でバリエーションを設定する

「バリエーション」は、画像を生成するときに変化を加えます。モチーフや構図が定まった状態で、プロンプトなどのパラメータを変えずにバリエーションを出力できるのです。
「バリエーションのシード値（Variation seed)」は、バリエーションをつける際のシード値です。「シード値」と「バリエーションのシード値」を同じにすると、バリエーションによる変化は出なくなります。
「バリエーションの強さ（Variation strength)」は元の画像をどのくらい変化させて出力するかの指定です。数値を上げるほど画像の変化が大きくなります。
　バリエーションの強さによる変化の量は画像の内容やバリエーションのシード値によって異なりますが、0.1程度でも大きく変化することもあります。

オリジナルの画像

バリエーションの強さを左から0.02、0.07、0.12で出力した画像

「Resize seed from width」「Resize seed from height」の設定は「大きな画像を出力する」（→119ページ）で解説します。

3-5

画像の保存と保存先

画像の保存についての機能を紹介します。保存される画像ファイルの命名ルールをカスタマイズしたり、保存先のフォルダを条件でふり分けたりできます。

画像の保存先

生成されたtxt2imgの画像は、SD/WebUIがインストールされたフォルダ内にある「webui」－「outputs」－「txt2img-images」フォルダに保存されています。

Google Colaboratoryでは、「outputs」フォルダは「Colab Notebooks」－「Stable Diffusion」フォルダにあります。

本書の手順に従ってインストールした場合、txt2imgの画像は「sd.webui」－「webui」－「outputs」－「txt2img-images」フォルダに保存される

txt2img以外の方法で画像を生成すると、画像を保存するためのフォルダが「outputs」フォルダ内に作られます。txt2img用のフォルダも含めると以下の5種類です。

- extras-images…「その他」タブで作成した画像
- img2img-grids…img2imgで作成したグリッド画像
- img2img-images…img2imgで作成した画像（→146ページ）
- txt2img-grids…txt2imgで作成したグリッド画像（→128ページ）
- txt2img-images…txt2imgで作成した画像

これらの設定は、「設定」タブの「保存する場所」で変更できます。

画像の命名ルールのカスタマイズ

SD/WebUIをインストールした直後の状態では、生成された画像のファイル名は以下のような形式になっています。

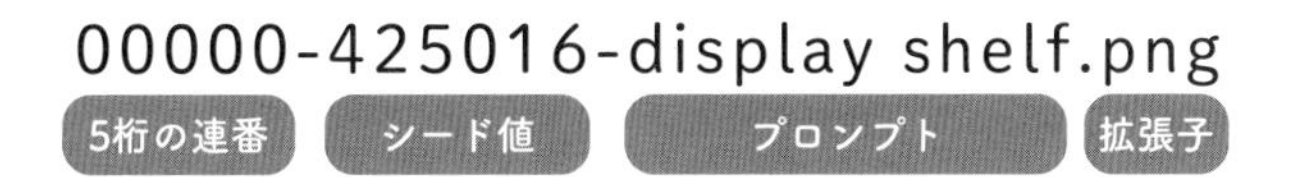

先頭の5桁の連番と続くハイフンは、出力する画像に追加される設定になっています。同じフォルダ内にありファイル名の先頭にある最も大きな数に1を足した数が、次に生成された画像のファイル名の連番として使われます。

ファイル名に連番をつけない設定にもできますが、ファイル名が重複すると古い方のファイルは何の警告もなく上書きされてしまいます。そのような事故を避けるために、連番をつける設定のままにしておくことをおすすめします。

5桁の連番に続くファイル名は、「設定」タブの「画像/グリッドの保存」にある「ファイル名のパターン」で変更できます。

保存する画像ファイルのファイル名は「設定」タブからカスタマイズできる

デフォルトの「ファイル名のパターン」は「[seed]-[prompt_spaces]」で、何も入力しないときはこれが設定されたものとして扱われます。

そのほか、フォーマットに使える文字列は以下の通りです。

- [prompt]…プロンプト（単語間のスペースを「_」に置換。適用したスタイルの内容も含まれる）
- [prompt_spaces]…プロンプト（単語間のスペースはそのままで、「:」などファイル名に使えない文字は「_」に置換。適用したスタイルの内容も含まれる）
- [prompt_no_styles]…[prompt_spaces] から適用したスタイルの内容を除いたもの
- [prompt_words]…プロンプト（プロンプトの英数字だけを抽出し、カッコや小数点などはスペースに置換）
- [prompt_hash]…プロンプトのハッシュ値（プロンプトの文字列から作られる8文字の英数字）
- [styles]…適用したスタイルの名称
- [width]…画像の横幅
- [height]…画像の高さ
- [sampler]…サンプリングアルゴリズム（→99ページ）
- [steps]…サンプリング回数（→98ページ）
- [seed]…シード値（→97ページ）
- [cfg]…CFG スケール（→98ページ）
- [model_name]…学習モデルのファイル名
- [model_hash]…学習モデルのハッシュ値（ファイル内容から作られる10文字の英数字）
- [date]…画像が生成された日付（2023-03-01など）
- [datetime]…画像が生成された日時を14桁の数字で表記（20230301120345など）
- [datetime<Format>]…画像が生成された日時を好みのフォーマットで出力
- [datetime<Format><Time Zone>]…画像が生成された日時を好みのフォーマットで、タイムゾーンを指定して出力（たとえばグリニッジ標準時の日時で出力する場合 <Time Zone> 部分は <GMT> と表記する）
- [job_timestamp]…画像の生成を始めた日時を14桁の数字で表記（20230301120320など）

<Format> の部分には以下のような文字が使えます。

- %Y（年）、%m（月）、%d（日）、%H（時）、%M（分）、%S（秒）、%f（ミリ秒）

たとえば「[datetime<%Y-%m-%d %H-%M-%S.%f>]」は「年 - 月 - 日 時 - 分 - 秒 . ミリ秒」に置き換えられ、「2023-03-01 12:03:45.045956」といった表記になります。

また、ファイル名が長くなりすぎるときは、拡張子の前の154文字目以降が省略されます。

気に入った画像は「保存」ボタンで特別なフォルダへ

画像を次々と生成して気に入った画像ができたら、「保存」ボタンで専用のフォルダにも保存しておくとよいでしょう。あとでたくさんの画像の中から探す必要がなくなります。

気に入る画像ができたら、画像ビューアの下にある「保存」ボタンをクリックします。

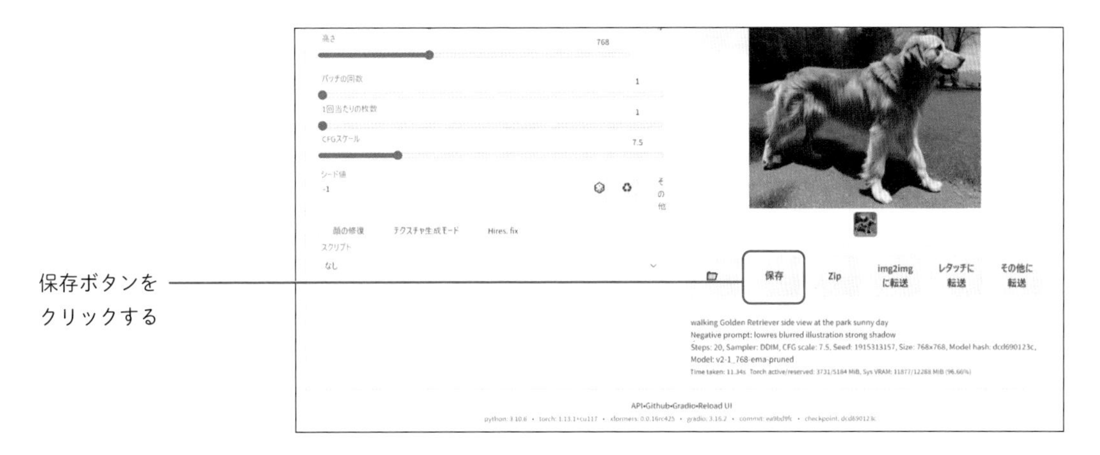

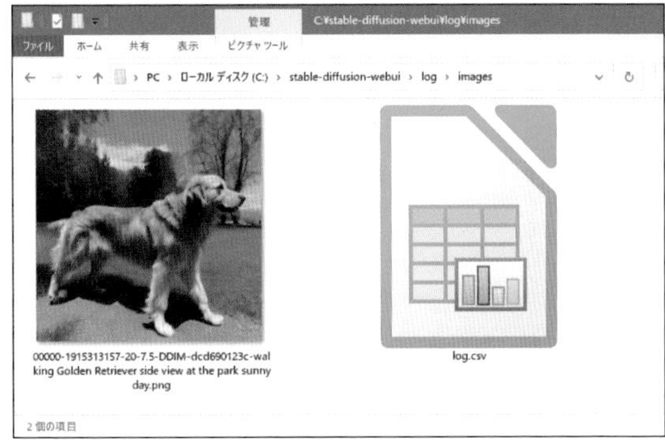

本書の手順に従ってインストールした場合、「保存」ボタンをクリックされた画像は「sd.webui」－「webui」－「log」－「image」フォルダに保存される

デフォルトの設定では、SD/WebUIがインストールされたフォルダ内の「webui」－「log」－「image」フォルダに保存されます。

Google Colaboratoryでは、「log」フォルダは「Colab Notebooks」-「Stable Diffusion」フォルダにあります。

同時に、保存された画像の生成情報が同じフォルダの「log.csv」に記録されます。

画像の保存先をふり分ける

生成された画像は、条件に基づいてふり分けて保存することが可能です。

「設定」の「フォルダについて」には、「画像をサブフォルダに保存する」「グリッドをサブフォルダに保存する」「保存ボタンを押した時、画像をサブフォルダに保存する」という項目があります。

「設定」の「フォルダについて」

- 画像をサブフォルダに保存する…txt2imgやimg2imgで生成した画像をサブフォルダに保存する
- グリッドをサブフォルダに保存する…txt2imgやimg2imgで生成したグリッド画像（→128ページ）をサブフォルダに保存する
- 保存ボタンを押した時、画像をサブフォルダに保存する…保存ボタン（→115ページ）をクリックしたときに画像がサブフォルダに保存される

「フォルダ名のパターン」に、サブフォルダの生成ルールを入力します。

デフォルトで入力されている「[date]」の場合、「2023-03-01」のような画像生成日のフォルダが作られ、画像はそこへ保存されます。日ごとに異なるフォルダへ画像が保存されていくことになります。

画像の保存先をサブフォルダに分けた場合、ファイル名の先頭につけられる連番はフォルダごとに00000から始まります。

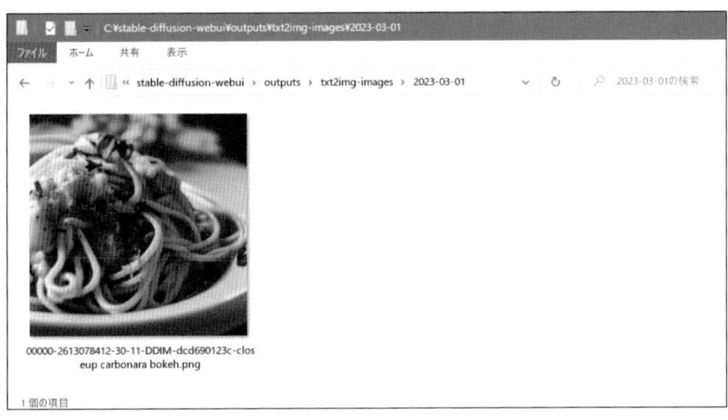

日付の名前がついたサブフォルダに保存された画像

そのほかサブフォルダとして指定できる文字列は、「画像の命名ルールのカスタマイズ」（→113ページ）にあるリストと同じです。

「フォルダ名のパターン」には、「[date]_[sampler]」のように複数の文字列も指定できます。この場合は「2023-03-01_Euler a」や「2023-03-01_DDIM」のように、日付に加えてサンプリングアルゴリズムごとにフォルダが作られます。こうすることで、画像をさらに細かくフォルダに分けて保存できるのです。

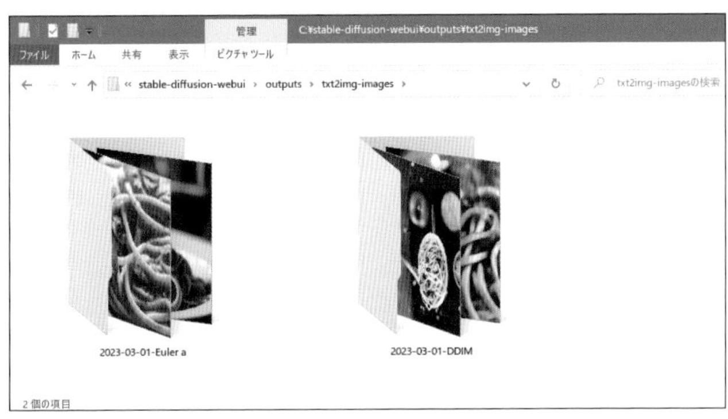

日付とサンプリングアルゴリズムの名前がついたサブフォルダ

3-6 大きな画像を出力する

SD/WebUI の学習モデルでは、それぞれ出力に最適な解像度が決まっています。最適な解像度よりずっと大きな画像を生成すると崩れた絵になりやすく、それを回避する方法がいくつか用意されています。

出力サイズを変えると別の画像が出力される

画像生成のパラメータを変えずに、出力する画像のサイズを大きくすると、どのような画像になるでしょう。

下の画像は、Stable Diffusion の公式学習モデル（バージョン2.1）で出力したものです。このモデルの標準解像度は縦横768ピクセルなので、まず縦横768ピクセル、次にそれを横に引き伸ばした縦768ピクセル×横960ピクセル、そして1枚目と同じ縦横比の縦横960ピクセルで出力してみました。生成時のパラメータは、画像の大きさ以外は共通です。

縦横768ピクセル（左）、縦768ピクセル横960ピクセル（中央）、横縦960ピクセルで出力した3枚の画像（右）

画像生成のパラメータが共通でも、サイズが変わると画像が大きく変わることがわかります。これは縦横比を変えずにサイズを変えても同じです。

大きすぎる画像は破綻してしまう

さらに大きな画像を出力すると、どうなるでしょうか。

縦横1,152ピクセルと1,536ピクセルという、768ピクセルの1.5倍と2倍のサイズで出力してみました。比較のために、先ほどと同じ縦横768ピクセルの画像と並べてみます。

縦横768ピクセル（左）と、縦横1,152ピクセル（中央）、縦横1,536ピクセルで出力した画像（右）

出力サイズを大きくしても、画像いっぱいに1羽のオウムがいるような構図にはなりません。また、オウムの体の一部、あるいは複数のオウムが融合した体が出力されているような部分もあります。

オウムが出力画像のサイズに合わせて大きくならないのは、学習元の画像に描かれたオウムの特徴を、サイズも含めてそのまま再現しているためです。

またオウムの体の一部、あるいは複数のオウムが融合した体が生成されるのは、学習モデルがオウムの外観の特徴は学習していても、頭や翼の数、体の構造は学習していないためと考えられます。

このように画像が破綻しないようにしつつ、大きな画像を生成する手法がSD/WebUIには用意されています。それが「シードリサイズ」と「高解像度補助」です。

シードリサイズで縦や横方向に拡大する

元の画像の構図や雰囲気を保ったまま、縦や横に広げた画像を生成するのに向いた手法が「シードリサイズ」です。シードリサイズは、画像のバリエーション（→110ページ）と同様、「その他」チェックボックスから利用します。

シードリサイズでは、生成したい画像のサイズを「幅」と「高さ」で指定します。そして、バリエーションのシード値（Variation seed）はその上の「シード値」と同じにします。

バリエーションの強さ（Variation strength）は、画像生成のシード値とバリエーションのシード値が同じであるため生成結果に影響しません。

「Resize seed from width」と「Resize seed from height」には、元となる画像の縦と横のサイズを指定します。ここではともに768にしています。

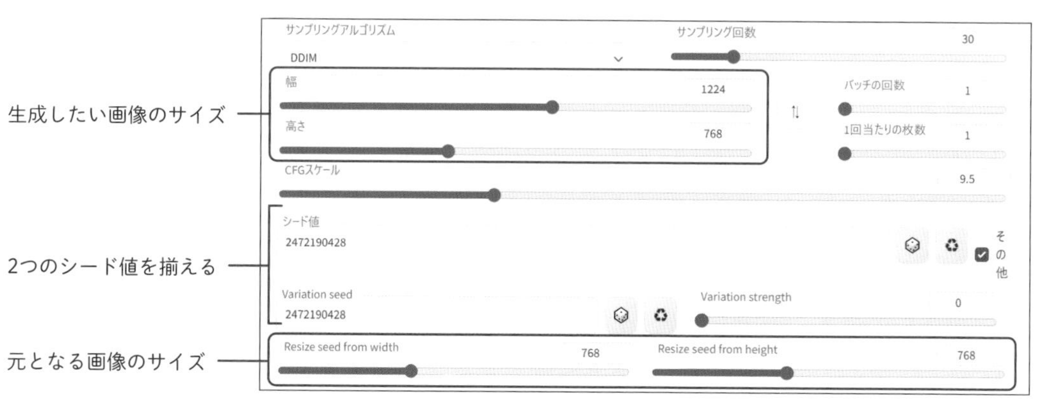

2つのシード値を同じにし、生成したい画像サイズを「幅」と「高さ」、元の画像のサイズを「Resize seed from width」「Resize seed from height」に指定する

以下の画像が生成されました。元となる左側の画像に対して、中央と右側の画像は構図や内容をある程度維持したまま幅が広くなっています。

縦768ピクセルは共通で、横768ピクセル（左）と、横960ピクセル（中央）、横1,224ピクセルで出力した画像（右）

同じようにして、画像を縦方向に広げて出力することもできますし、縦横の両方へ広げることもできます。

以下は、縦方向へ伸ばした画像2枚と、縦横の両方を伸ばした画像です。

（左）縦896ピクセル、横768ピクセル、（中央）縦904ピクセル、横768ピクセル、（右）縦800ピクセル、横1224ピクセルで出力

左側の画像は元の画像の構成を受け継いでいますが、中央の画像はそこから縦に8ピクセル伸ばしたところ構図が大きく変わりました。シードリサイズで画像を縦や横へ伸ばしていくと、このように画像の内容が大きく変わることがあります。一方で、画像の内容が大きく変わったサイズからさらに横や縦に伸ばすと、元の画像に近い内容がもう一度出ることもあります。

縦768ピクセルは共通で、横1,096ピクセル（左）と横1,112ピクセル（右）で出力。右の画像は左より横幅が大きいが、元の画像の雰囲気を強く残している

「高解像度補助」で大きな画像を出力する

「高解像度補助」は、生成した画像を拡大してから出力することで、大きな画像を出力する手法です。このとき単に画像を拡大するのではなく、より細かいディテールが加わるのが高解像度補助の特徴です。

シードリサイズは、元の解像度の画像に外側を付け足して大きく出力するものでした。高解像度補助は、元の画像を拡大して出力するところが異なるのです。

「高解像度補助」のチェックボックスをオンにすると、その下に専用のプルダウンメニューやスライダバーが表示されます。

顔の修復　テクスチャ生成モード　高解像度補助　resize: from **768x768** to **1536x1536**
アップスケーラー　Latent
高解像度化の回数　0
ノイズ除去強度　0.7
でアップスケールする　2
幅を変更する　0
高さを変更する　0

高解像度補助のチェックボックスをオンにすると設定項目が表示される

パラメータを指定して「生成」ボタンをクリックすると画像が出力されます。

元の画像（左）の解像度を2倍にしたもの（右）。解像感が上がるだけでなく、装飾がより細かくなるなどの変化がある

アップスケーラー

画像を拡大する際のアルゴリズムを選びます。アルゴリズムは現在16種類あり、「Latent」の名前がついている系列とそれ以外に分けられます。

「Latent」系列は、拡大時に細部のディテールがより精緻に描写し直されるアルゴリズムとされています。

それ以外のアップスケーラーもディテールアップは行われますが、元の画像からの変化は比較的小さくなります。

以下はそれぞれのアップスケーラーで拡大して出力した結果です。縦横768ピクセルのオリジナルを縦横1,280ピクセルに拡大しています。後述するサンプリング強度は0.75です。

オリジナル

Latent

Latent（アンチエイリアス補間…antialiased）

Latent（バイキュービック補間…bicubic）

Latent（バイキュービック アンチエイリアス補間…bicubic antialiased）

Latent (ニアレスト補間… nearest)

Latent (ニアレスト－エグザクト補間… nearest-exact)

なし (None)

Lanczos

Nearest

ESRGAN_4x

R-ESRGAN 4x+

R-ESRGAN 4x+ Anime6B

LDSR

ScuNET

ScuNET PSNR

SwinIR_4x

高解像度化の回数

拡大した画像を生成するときのサンプリング回数です。0のときは元の画像と同じ回数になります。

ノイズ除去強度

アップスケーラーが画像を拡大するとき、元の画像からどのくらい変化させるかの数値です。0から1の範囲で指定し、大きくなるほど元の画像との違いが増加します。

Latent系列のアップスケーラーでは、ノイズ除去強度を下げていくと、ぼやけている画像や描写が崩れている画像が出やすくなります。

次の画像は、いくつかのアップスケーラーでノイズ除去強度を変えて出力したものです。「Latent」は強度が低いときにぼやけた画像になることがわかります。

一方、「なし」や「SwinIR_4x」は低強度でもぼやけることはなく、元の画像からあまり変化しない画像を生成します。

また、いずれもノイズ除去強度が1だと、元の画像との違いが非常に大きくなっています。

アップスケーラーは Latent（上段）、なし（中段）、SwinIR_4x（下段）。ノイズ除去強度は左から0.1、0.5、0.7、1.0

でアップスケールする／幅を変更する／高さを変更する

画像をどのくらい大きく出力するかの設定です。「でアップスケールする」は倍率で指定し、「幅を変更する」「高さを変更する」は縦と横のピクセル数で指定します。

デフォルトでは「幅を変更する」「高さを変更する」はグレーアウトしていますが、これらのスライダバーを動かしたり数値を入力したりするとアクティブになり、同時に「でアップスケールする」がグレーアウトします。幅と高さを0に戻すとスライダバーがグレーアウトし、「でアップスケールする」が再びアクティブになります。

また、これらの数値を変更すると、「高解像度補助」のチェックボックスの右にある「resize: from ～ to ～」の数字が変化します。「from」に続く数字は元の画像の横と縦のピクセル数、「to」に続く数字は生成される画像の横と縦のピクセル数です。

出力する画像の縦横比を元の画像から変えた場合、元の画像を拡大した上で上下や左右が切り落とされた構図になります。

縦横768ピクセルの元の画像（左）を縦800ピクセル、横1,280ピクセルに拡大した画像（右）。元の画像の上下が切り落とされた構図になる

3-7

複数の画像を一度に生成する

Stable Diffusionではしばしば、好みの構図の画像が生成されるまで、多くの画像を出力します。そのため、生成パラメータの一部を変えながら複数の画像を一度に出力する、さまざまな方法が用意されています。

「バッチの回数」と「1回当たりの枚数」

プロンプトや各種のパラメータを変えずに、複数の画像をまとめて出力するには、「バッチの回数」を増やしましょう。通常は1になっている「バッチの回数」を4にすれば4枚、10にすれば10枚の画像がまとめて出力されます。

その際、シード値が「-1」の場合は1枚目がランダムなシード値となり、2枚目以降のシード値は1枚目のシード値から1ずつ増えていきます。シード値が指定されている場合も同様に、2枚目以降のシード値は1ずつ増えていきます。

「1回当たりの枚数」も同じように、数字で指定した枚数の画像を出力します。「バッチの回数」と結果は同じですが、「1回当たりの枚数」は「1」のままにしておくことをおすすめします。画像の出力時に、指定された枚数分のVRAMが必要になる出力方法だからです。「1回当たりの枚数」を多くしすぎると、VRAMが足りなくなり画像が出力されないことがあります。

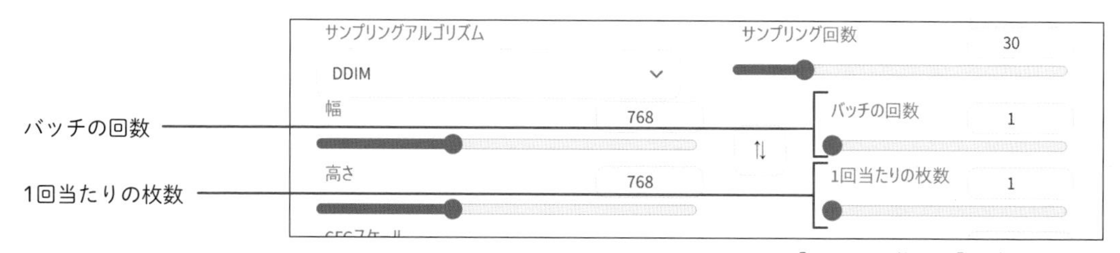

「バッチの回数」と「1回当たりの枚数」

グリッド画像の生成

複数の画像をまとめて出力すると、すべての画像を1枚にまとめた「グリッド画像」も生成されます。グリッド画像の並び方は1枚目が左上、2枚目はその右と続き、全体で正方形に近づくように配置されます。

1	2

1	2
3	

1	2
3	4

1	2	3
4	5	

1	2	3
4	5	6

1	2	3
4	5	6
7		

1	2	3
4	5	6
7	8	

1	2	3
4	5	6
7	8	9

1	2	3	4
5	6	7	8
9	10		

1	2	3	4
5	6	7	8
9	10	11	

1	2	3	4
5	6	7	8
9	10	11	12

2枚出力から12枚出力したときまでの、グリッド画像の配置順序

グリッド画像が保存されるフォルダは、本書の手順でインストールした場合「sd.webui」－「webui」－「outputs」－「txt2img-grids」です。

プロンプトマトリックス

プロンプトの組み合わせを試すのに便利なのが「プロンプトマトリックス」です。「スクリプト」のプルダウンメニューから「Prompt matrix」を選択すると下に操作部が表示されます。

「スクリプト」から「Prompt matrix」を選ぶと設定項目が表示される

この状態で、プロンプト欄に以下のように入力し「生成」ボタンをクリックしてみます。

photo 写真 **living room** 居間 | **potted plant** 鉢植え | **bookshelf** 本棚

区切り文字

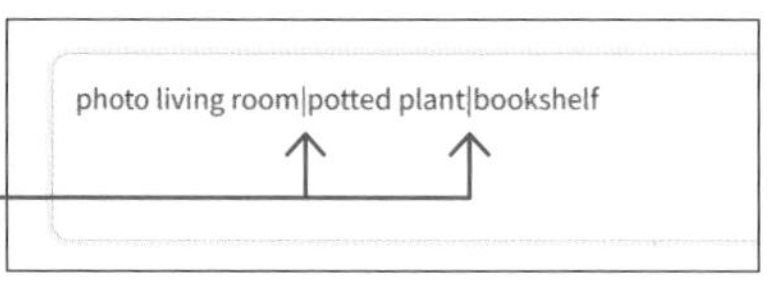

プロンプトマトリックスのスクリプトをオンにして、プロンプトに区切り文字の「|」を入れる

プロンプトが半角の「|」(バーチカルバー)で区切られています。2区切りめの potted plant 鉢植え と3区切りめの bookshelf 本棚 をプロンプトに含めた画像と含めない画像、合計4パターンの画像が生成されます。
「|」を入力するには、一般的なJISキーボードでは〔Shift〕キーを押しながらバックスペースキーの左にある「¥」キーを押しましょう。

ここで生成される4つの画像のプロンプトは、それぞれ以下のようになります。

- photo living room
- photo living room potted plant
- photo living room bookshelf
- photo living room potted plant bookshelf

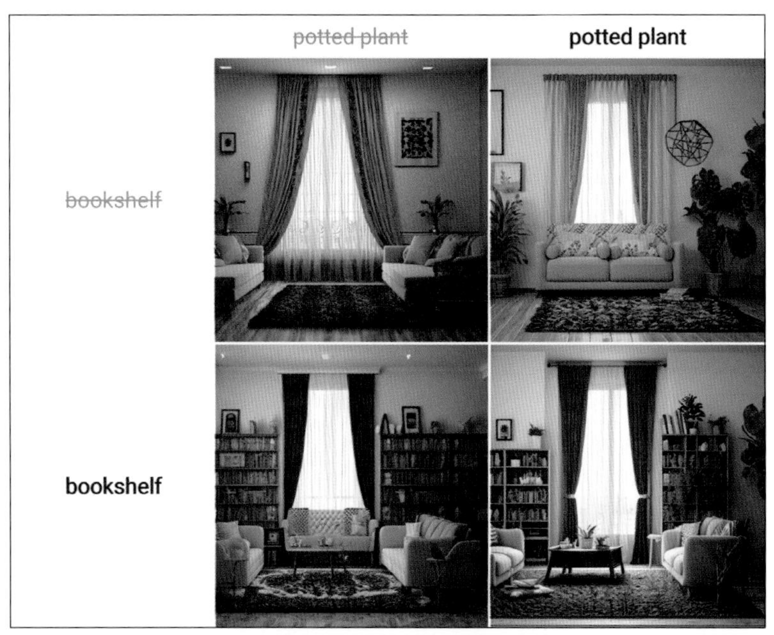

出力されたグリッド画像。左上は potted plant bookshelf をどちらも含まない、右上と左下は potted plant と bookshelf のいずれかを含む、右下は potted plant と bookshelf を両方含むプロンプトで画像が生成された

上の例では、最初の「|」から始まる区切りは2つでした。区切りの数を1つ増やすと、生成される画像の枚数は2倍に増えます。

プロンプトマトリックスでは、以下のような設定が可能です。

▶プロンプトの最初に変数部を配置

これをオンにすると、プロンプトの冒頭から最初の「|」までの部分も、含む／含まないのグリッドに反映されるようになります。

▶画像ごとに異なるシードを使用する

出力される各画像をすべて異なるシード値で生成します。

▶Select prompt

「positive」はプロンプト欄、「negative」はネガティブプロンプト欄で、プロンプトを含む／含まないの処理が行われます。

▶Select joining char

画像の生成時に差し込まれるプロンプト（先ほどの例では`potted plant`や`bookshelf`）の区切りをカンマ（comma）にするか、半角スペース（space）にするかを選びます。

▶Grid margins（px）

グリッドの画像どうしの間隔をピクセル数で指定します。

ファイルやテキストボックスからプロンプトを差し込む

さまざまなプロンプトやパラメータの画像をまとめて出力する方法もあります。それが、「スクリプト」のプルダウンメニューから選択できる「ファイルまたはテキストボックスからプロンプトを表示」です。

スクリプト
ファイルまたはテキストボックスからプロンプトを表示
Iterate seed every line
すべての行に同じランダムシードを使用
List of prompt inputs
Upload prompt inputs
ここにファイルをドロップ
-または-
クリックしてアップロード

「ファイルまたはテキストボックスからプロンプトを表示」の設定項目

「List of prompt inputs」にプロンプトなどのパラメータを1行ずつ記述するか、パラメータを1行ごとに列挙したテキストファイルを「Upload prompt inputs」にドラッグ＆ドロップします。続いて「生成」ボタンをクリックすると生成が始まります。

「List of prompt inputs」の入力例。それぞれの行のパラメータに従って画像が生成される。この場合プロンプト以外のパラメータは同じ

生成結果の例。1行目のプロンプトと2行目のプロンプトに従ってそれぞれ画像が出力された

チェックボックスの設定は以下の通りです。

Iterate seed every line

1行ごとにシード値を1増やしていきます。

すべての行に同じランダムシードを使用

シード値が「-1」のとき、各行の生成に同じランダムシードが使われます。

2つのチェックボックスをオンにした場合は、「Iterate seed every line」が優先されます。「List of prompt inputs」にはプロンプト以外のパラメータも指定できます。1行目だけこのスタイルを追加する、2行目は別のサンプリングアルゴリズムを使うといったことも可能です。

```
List of prompt inputs
--prompt "detailed photo cat on sofa" --n_iter 2 --width 640
--prompt "detailed illustration walking dog" --negative_prompt "lowres blurry" --steps 30
```

パラメータを複数指定する例。プロンプト以外にもパラメータを指定する場合、プロンプトは「--prompt "〜"」の書式で書く

生成結果の例。1行目の指定と2行目の指定に従って、それぞれ画像が出力された

「List of prompt inputs」に入力できるパラメータは次の通りです。

- --prompt…プロンプト（→88ページ）
- --negative_prompt…ネガティブプロンプト（→89ページ）
- --styles…スタイル名（→94ページ）
- --sd_model…学習モデルのファイル名
- --sampler_index…サンプリングアルゴリズム（→99ページ、リストの何行目かを数値

で指定）

- --sampler_name…サンプリングアルゴリズム名（→99ページ）
- --steps…サンプリング回数（→98ページ、数値で指定）
- --width…幅（→106ページ、数値で指定）
- --height…高さ（→106ページ、数値で指定）
- --n_iter…バッチの回数（→128ページ、数値で指定）
- --batch_size…1回当たりの枚数（→128ページ、数値で指定）
- --cfg_scale…CFG スケール（→98ページ、数値で指定）
- --seed…シード値（→97ページ、数値で指定）
- --subseed…バリエーションのシード値（→110ページ、数値で指定）
- --subseed_strength…バリエーションの強さ（→110ページ、0 ～ 1の数値で指定）
- --seed_resize_from_w…シードリサイズ（→119ページ）の幅（数値で指定）
- --seed_resize_from_h…シードリサイズ（→119ページ）の高さ（数値で指定）
- --restore_faces…顔の修復（→108ページ、「true」か「false」で指定）
- --tiling…テクスチャ生成モード（→109ページ、「true」か「false」で指定）
- --outpath_samples…生成画像の保存フォルダ。デフォルトでは「"outputs/txt2img-images"」(→112ページ)
- --outpath_grids…グリッド画像の保存フォルダ。デフォルトでは「"outputs/txt2img-grids"」(→112ページ)
- --do_not_save_samples…画像を保存しない（「true」か「false」で指定）
- --do_not_save_grid…グリッド画像を保存しない（「true」か「false」で指定）
- --prompt_for_display…不明

パラメータの値がスペースを含むときは「"face of cat"」のようにダブルコーテーションで囲んでください。

「true」と「false」のどちらかで指定するパラメータは、適用するときは「true」、適用しないときは「false」と記述します。

ここで指定していないパラメータは元々の設定に従います。たとえば、プロンプト欄にプロンプトを入力した上で「--prompt」を指定しなかった場合は、プロンプト欄の内容に沿って画像が生成されます。

X/Y/Zプロット

プロンプトや生成パラメータをいろいろ変えて試行錯誤するのに便利な機能が「X/Y/Zプロット」です。パラメータが異なる画像を1枚のグリッド画像にまとめて出力するため、パラメータによる仕上がりの違いを1つの画像で比較できます。

「スクリプト」のプルダウンメニューから「X/Y/Z プロット」を選ぶと設定項目が表示されます。

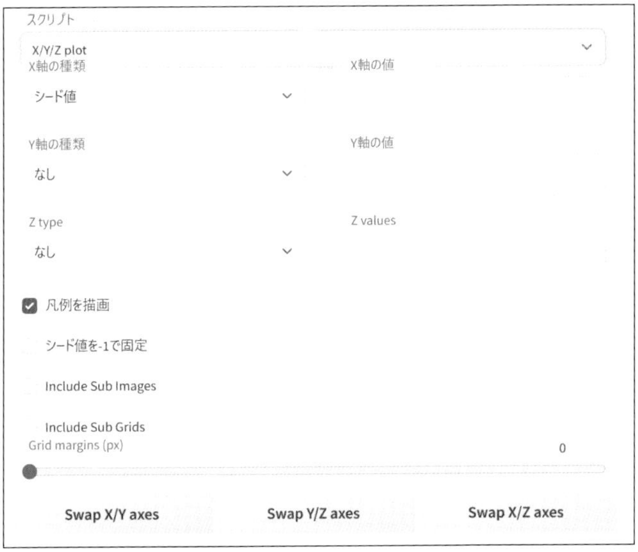

スクリプト
X/Y/Z plot
X軸の種類
シード値
X軸の値
Y軸の種類
なし
Y軸の値
Z type
なし
Z values
凡例を描画
シード値を-1で固定
Include Sub Images
Include Sub Grids
Grid margins (px)
0
Swap X/Y axes
Swap Y/Z axes
Swap X/Z axes

X/Y/Z プロットの設定項目

「X 軸の種類」「Y 軸の種類」「Z type（Z 軸の種類）」のそれぞれで、変化しながら画像を生成するパラメータを指定できます。このとき、パラメータはX軸のみ、Y軸のみといった指定も可能です。

ためしに、X 軸のパラメータに「シード値」を選び、「値」に「10, 20, 30」と入力してみましょう。Y 軸はパラメータを「ステップ数」、「値」を「3,7,18」とします。適当なプロンプトを入力して「生成」ボタンをクリックしましょう。

X軸の種類
ステップ数
X軸の値
3, 7, 18
Y軸の種類
シード値
Y軸の値
10, 20, 30
Z type
なし
Z values
凡例を描画

X軸とY軸に入れるパラメータの例

生成結果のグリッド画像の例。パラメータを変えつつ画像が出力されている

画像を生成すると、個別の画像のほかにグリッド画像が出力されます。X軸のパラメータは左から右方向へ、Y軸のパラメータは上から下方向へ並べられます。Z軸のパラメータはそれぞれ別の画像ファイルとして出力されます。

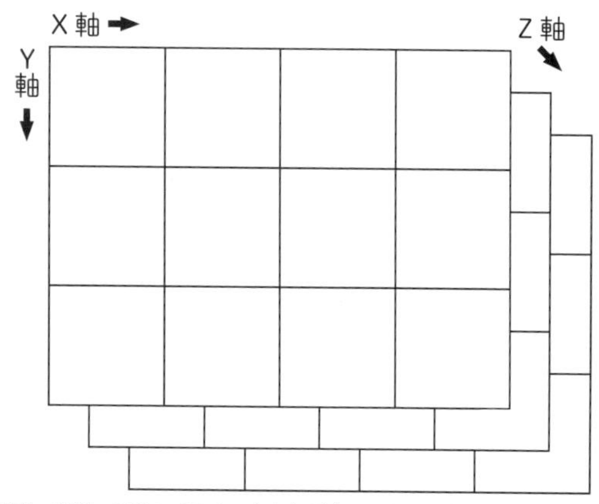

X軸、Y軸、Z軸のパラメータ変化が盛り込まれる方向

X/Y/Z プロットで設定できる項目は以下の通りです。

X軸の種類／Y軸の種類／Z type（Z軸の種類）

変更しながら出力したいパラメータをプルダウンメニューから選択します。

X軸の値／Y軸の値／Z values（Z軸の値）

パラメータの値を入力します。

凡例を描画

出力されるグリッド画像に、パラメータ名やその値も載せるかを指定するチェックボックスです。

シード値を -1で固定

シード値を「-1」に指定していても、生成される各画像のシード値はすべて共通です。このチェックボックスをオンにすると、画像の生成にすべて異なるランダムなシード値が使われます。シード値を「-1」以外にすると、この設定は無視されます。

Include Sub Images

「バッチの回数」を増やすと一度に2枚以上の画像が生成されます。このチェックボックスをオンにすると、グリッド画像が保存されるのとは別に、「バッチの回数」の枚数ごとに生成された画像も1枚の画像として保存されます。

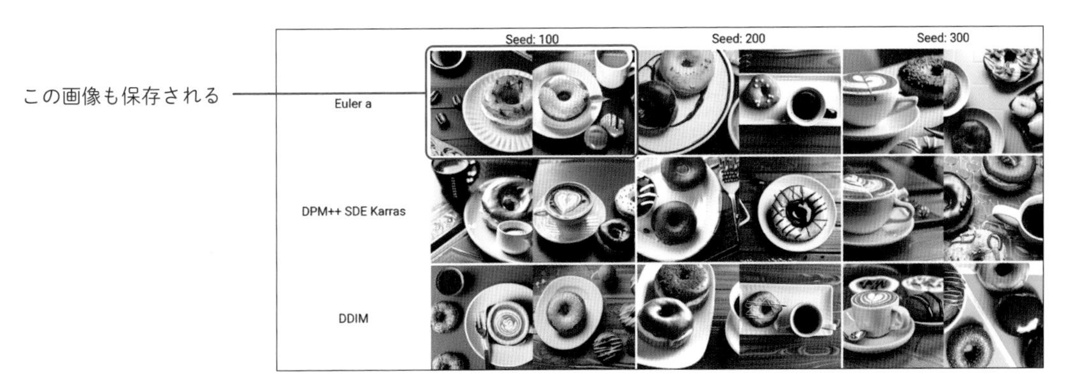

「バッチの回数」を「2」に指定して出力されたグリッド画像。「Include Sub Images」をオンにすると2枚1組の画像も保存される

Include Sub Grids

「Z type」を「なし」以外にすると、グリッド画像が複数出力されます。これはその際に、すべてのグリッドを1枚におさめた画像も出力する設定です。

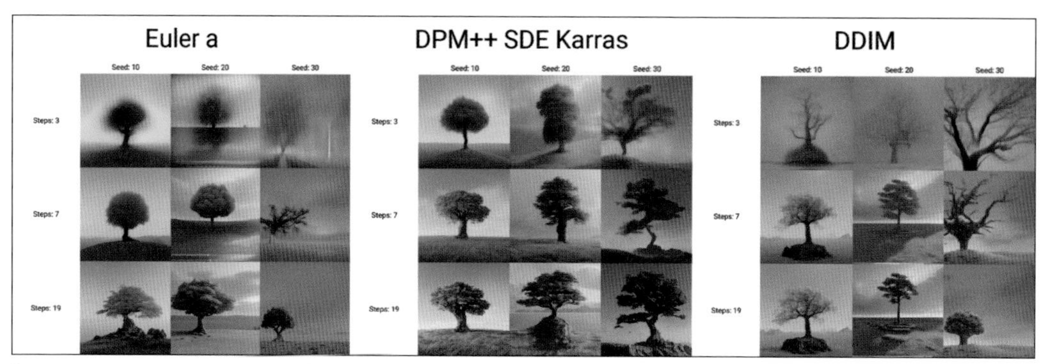

「Include Sub Grids」をオンにすると、グリッド画像を1枚のグリッドに配置した画像が出力される

Grid margins（px）

グリッドの画像どうしの間隔をピクセル数で指定します。

Swap X/Y axes ／ Swap Y/Z axes ／ Swap X/Z axes

クリックすると、X軸、Y軸、Z軸の設定をそれぞれ入れ替えます。

X軸、Y軸、Z軸のそれぞれに指定できるパラメータは以下の通りです。

- Var. seed…バリエーションのシード値（→110ページ）
- Var. strength…バリエーションの強さ（→110ページ）
- ステップ数…サンプリング回数（→98ページ）
- 高解像度化の回数…「高解像度補助」で指定（→125ページ）
- CFG スケール…→98ページ
- Prompt S/R…プロンプトを差し替えながら生成（→139ページ）
- Prompt order…プロンプトの順序を入れ替えながら生成
- サンプラー…サンプリングアルゴリズム（→99ページ）
- Checkpoint 名…学習モデルの名前
- Sigma Churn、Sigma min、Sigma max、Sigma noise、Eta…画像生成の最初に付加するノイズの量をコントロールするパラメータ
- Clip skip…プロンプトを解釈する「CLIP」の計算をどこで止めるか（→163ページ）

- ノイズ除去…「高解像度補助」でのノイズ除去強度（→125ページ）
- 高解像度アップスケーラー…「高解像度補助」に使うアップスケーラー（→123ページ）
- VAE…補助的な学習データの名前
- スタイル…スタイルの名前（→94ページ）

数値の表現方法は「1, 2, 3, …」と1つずつ記述する以外にも便利な書き方があります。

- 1-5…1, 2, 3, 4, 5（最初の数字から最後の数字まで1ずつ増える）
- 1-5(+2)…1, 3, 5（最初の数字から最後の数字まで、カッコ内の数字ずつ増える）
- 1.5-3(+0.5)…1.5, 2, 2.5, 3（数字は1以下も指定可能）
- 10-5(−2)…10, 8, 6（最初の数字から最後の数字まで、カッコ内の数字ずつ減る）
- 1-10[5]…1, 3.25, 5.5, 7.75, 10（最初の数字から最後の数字まで、角カッコ内の数字で等分する）

「軸の種類」でパラメータを選択したとき、「軸の値」の入力欄の右に黄色い本のアイコンが出ることがあります。これをクリックすると指定できるパラメータがすべて入力されます。サンプリングアルゴリズム名やアップスケーラー名などは「値」の欄に手で入力するのは大変です。すべての選択肢がいったん入力された状態から必要なものだけを残す方法によって、入力の手間や間違いを減らせるのです。

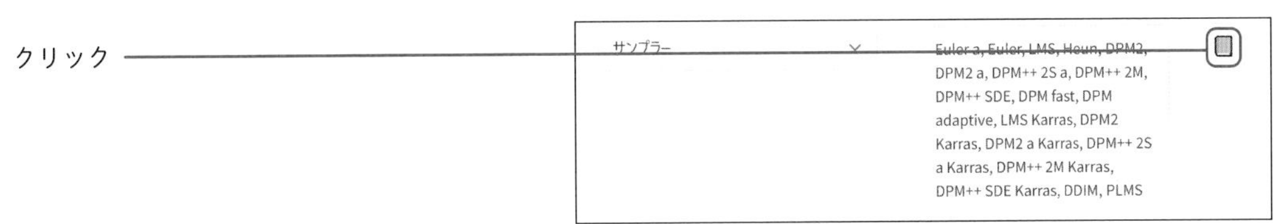

黄色い本のアイコンをクリックすると、指定可能なパラメータがすべて自動入力される

「Prompt S/R」についても解説しましょう。「S/R」とは「Search/Replace」、つまり検索と置換を指します。つまり「Prompt S/R」は、プロンプトの一部を入れ替えながら画像を生成するのです。

プロンプト欄に、以下のようなプロンプトが入力されているものとします。

`fantasy` ファンタジー `colorful` カラフル `illustration` イラスト `palace` 宮殿 `light color` 明るい色 `moonlight` 月光

このプロンプトで、palaceの部分をcastle お城とmansion 豪邸に変えてそれぞれ出力してみます。あわせてサンプリングアルゴリズムもEuler aとDDIMの両方で出力しましょう。

X軸の種類に「Prompt S/R」を選び、X軸の値に「palace, castle, mansion」と入力します。

Y軸の種類は「サンプラー」、Y軸の値を「Euler a, DDIM」にします。

「Prompt S/R」と「サンプラー」の入力内容

これで生成すると、以下のグリッドと画像が出力されました。

3種類のプロンプトと2種類のサンプリングアルゴリズムによる6枚の画像が一度に出力された

「Prompt S/R」では、プロンプト欄の内容の一部が「軸の値」の先頭に含まれていなければなりません。

　また、「軸の値」の入力欄におけるカンマは、入れ替えるプロンプトの区切り文字として使われています。入れ替えたいプロンプトにカンマが含まれているときは、前後をダブルコーテーションで囲んで「～ , "princess, horse", ～」のように表記しましょう。

3-8

学習モデルの追加と変更

Stable Diffusionは、画像生成のプログラムと学習モデルを組み合わせて利用します。学習モデルを入れ替えれば、公式の学習モデルとは異なる画風の画像を出力することもできます。

「でりだモデル」を追加する

学習モデルには、画像の特徴とその説明を学習した結果がおさめられています。どのような画像にどのような説明をつけて学習させるかは学習モデルによってさまざまで、それが学習モデルの特徴となっています。

ここまでに何度か登場している「でりだモデル」は、アニメやマンガ調のイラストを生成するのが得意です。これをSD/WebUIで使えるようにしてみましょう。

以下の操作は、SD/WebUIを起動したまま行ってもかまいません。

またGoogle Colaboratoryのノートブックには、でりだモデルはあらかじめダウンロードされています。手順③のみ行ってください。

①ブラウザで以下のURLへアクセスします。

https://huggingface.co/naclbit/trinart_derrida_characters_v2_stable_diffusion/tree/main

ファイル一覧の中から「derrida_final.ckpt」と「autoencoder_fix_kl-f8-trinart_characters.ckpt」をダウンロードします。ダウンロード先はともに、公式の学習モデルと同じ「C:¥sd.webui¥webui¥models¥Stable-Diffusion」です。

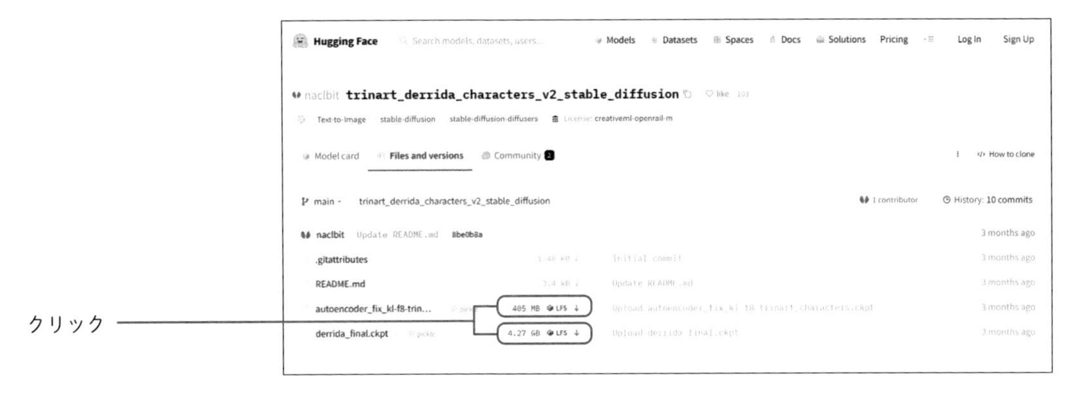

②「C:¥sd.webui¥webui¥models¥Stable-Diffusion」フォルダに保存された2つのファイルのうち、「autoencoder_fix_kl-f8-trinart_characters.ckpt」のファイル名を「derrida_final.vae.pt」に変更します。

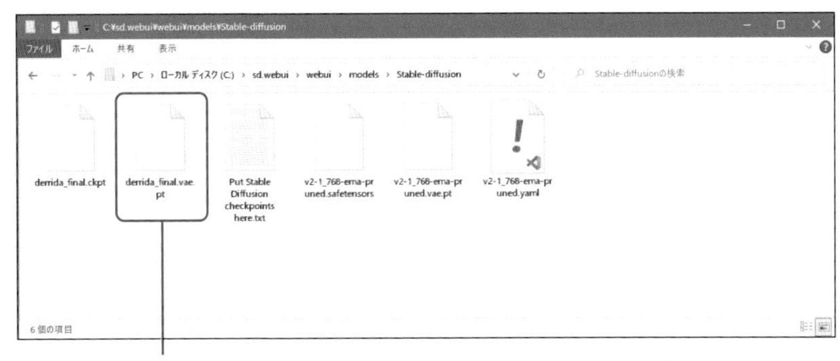

ファイル名を「autoencoder_fix_kl-f8-trinart_characters.ckpt」から「derrida_final.vae.pt」に変更

③SD/WebUIの左上にある「Stable Diffusion checkpoint」の更新ボタンをクリックし、プルダウンメニューから「derrida_final.ckpt」を選択します。

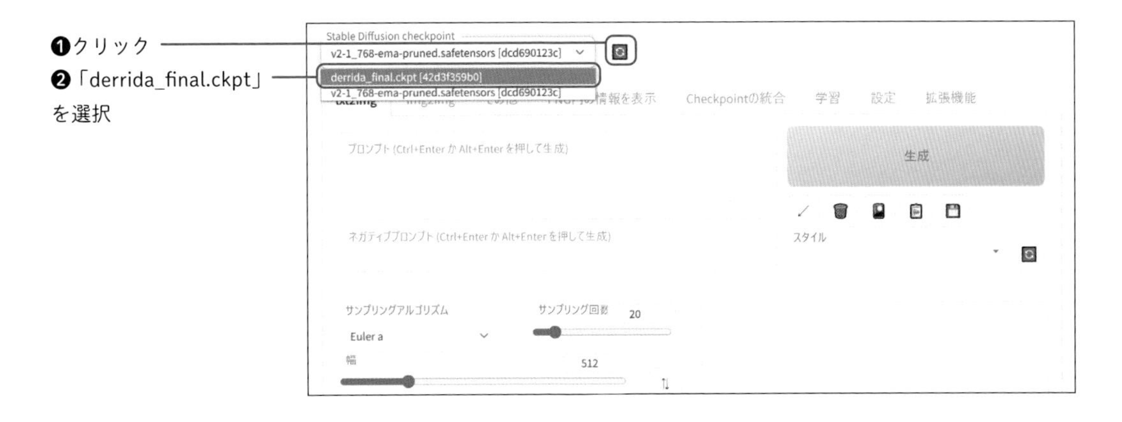

これで画像の生成に使われる学習モデルがでりだモデルに切り替わりました。さっそく画像を生成してみましょう。

でりだモデルの推奨画像サイズは512×512ピクセルです。

でりだモデルには推奨のネガティブプロンプトがあります。下のURLを見てください。

https://huggingface.co/naclbit/trinart_derrida_characters_v2_stable_diffusion

このページの一番下に書かれている以下の文字列を、ネガティブプロンプトに入れて画像を生成しました。比較のために公式の学習モデルでも出力してみます。出力解像度を768×768ピクセルに変更した以外のパラメータは共通です。

プロンプト： cowboy shot | カウボーイショット　witch | 魔女　girl | 女の子　beautiful | 美しい　face | 顔　looking at viewer | カメラ目線　butterfly | 蝶　collage | コラージュ　masterpiece | 傑作

ネガティブプロンプト： retro style | レトロ調 , 1980s | 1980年代 , 1990s | 1990年代 , 2000s | 2000年代 , 2005 2006 2007 2008 2009 2010 2011 2012 2013 2014 2015 2016 2017 2018 2019 flat color | 平坦な色 , flat shading | 平坦な陰影表現

共通のパラメータによる、でりだモデル（左）と公式の学習モデル（右）の出力結果

学習モデルが違うと、同じプロンプトでも仕上がりが大きく変わることがわかります。どのプロンプトがよく効くかも学習モデルごとに異なるので、いろいろなプロンプトを試

してみましょう。

学習モデルのライセンスと出どころに注意

ネット上には現在、非常に多くの学習モデルが出回っています。アニメやイラスト調の画像が簡単なプロンプトできれいに出る学習モデルは特に人気です。

生成された画像を個人で楽しむ分にはどの学習モデルを使うのも問題はないと考えられますが、画像をSNSにアップロードしたり仕事に利用したりすることもあるかもしれません。そういうときは、画像生成に使用する学習モデルは常に注意してください。

たとえば学習モデルの中には、商用利用を禁じているものがあります。ライセンスを十分に確認して、違反を避けなければなりません。

また、違法にアップロードされた学習モデルに基づいて作られた学習モデルも少なくありません。そうした学習モデルの画像を公開したり仕事に使ったりすることが大きなリスクになる可能性も考えられます。

たくさんの人が使っているから安心、安全という保証はありません。出力された画像を見てどの学習モデルで作られたかを判断するのは容易ではないとはいえ、指摘されると困るようなやましい使い方は厳に慎みましょう。

3-9

img2imgの操作画面

txt2imgタブと同様に、img2imgタブにもさまざまな機能が割り当てられています。ここではまず、それぞれの入力欄やボタンの名称と、解説しているページを紹介します。

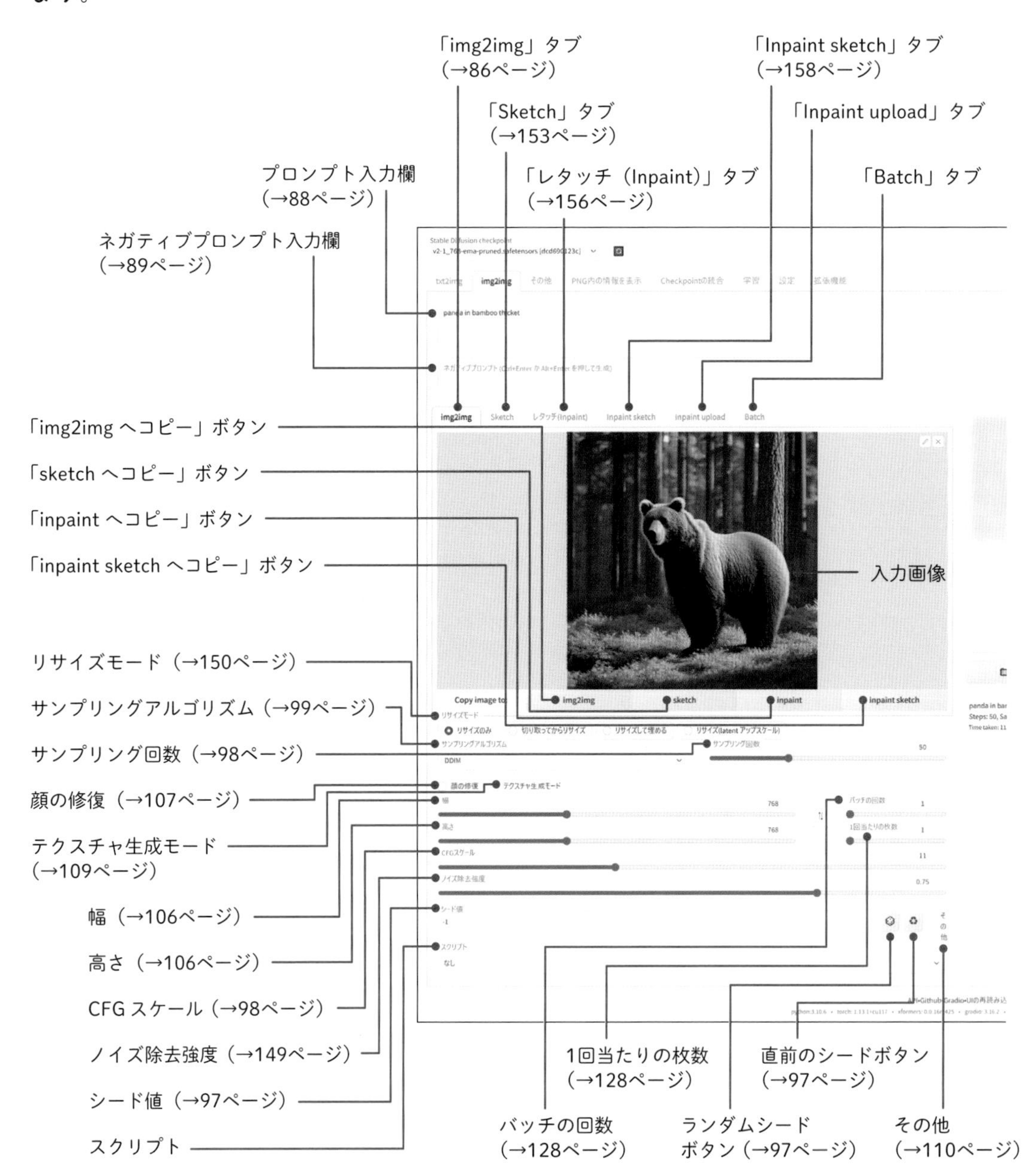

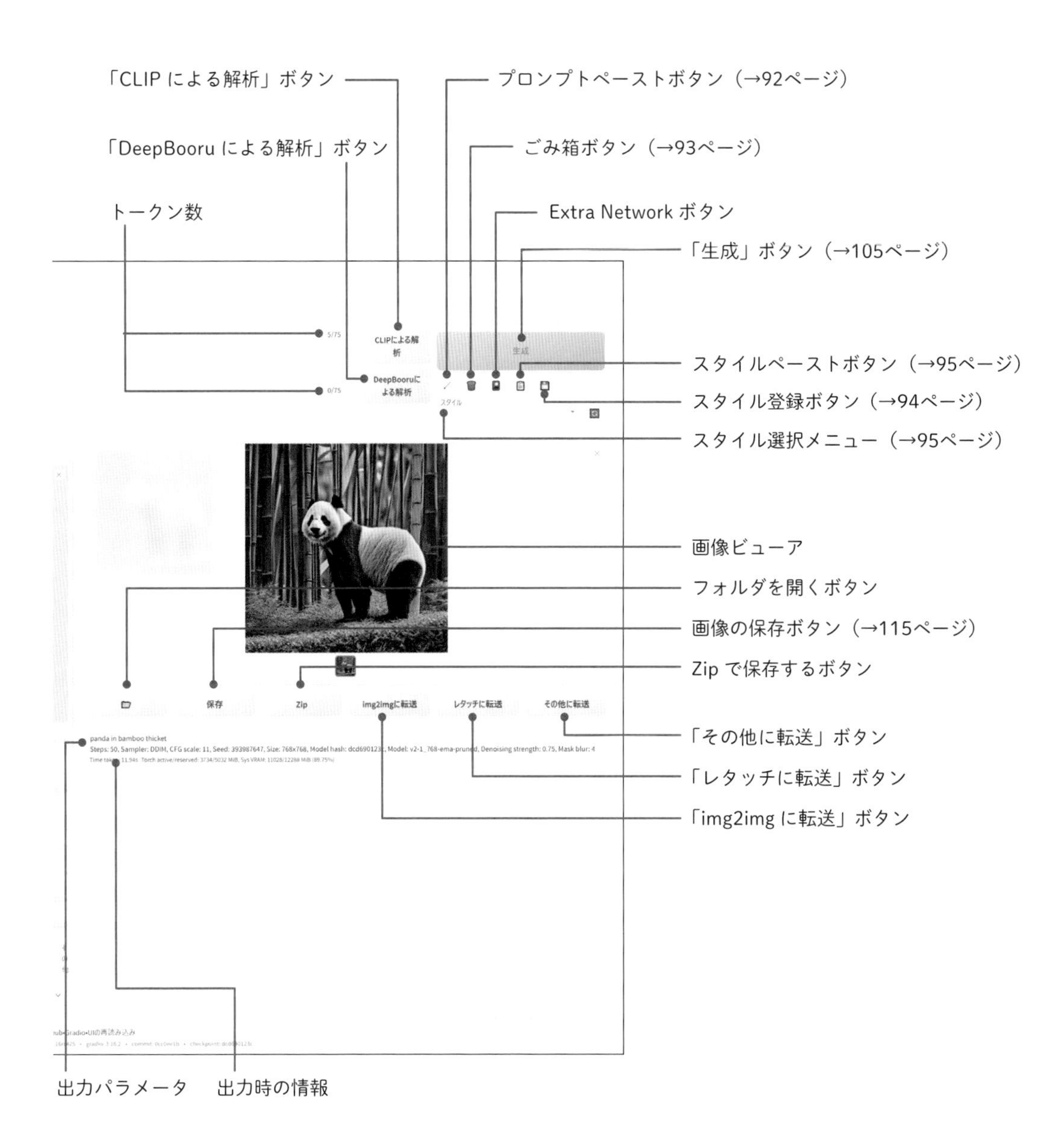

「CLIPによる解析」ボタン
「DeepBooruによる解析」ボタン
トークン数
プロンプトペーストボタン（→92ページ）
ごみ箱ボタン（→93ページ）
Extra Networkボタン
「生成」ボタン（→105ページ）
スタイルペーストボタン（→95ページ）
スタイル登録ボタン（→94ページ）
スタイル選択メニュー（→95ページ）
画像ビューア
フォルダを開くボタン
画像の保存ボタン（→115ページ）
Zipで保存するボタン
「その他に転送」ボタン
「レタッチに転送」ボタン
「img2imgに転送」ボタン
出力パラメータ
出力時の情報

3-10

画像を別の画像に変換する

img2imgは、画像とプロンプトから新しい画像を生成する手法です。まず、画像全体をそのまま別の画像に置き換える方法を解説します。

これまで解説してきたtxt2imgはプロンプトからさまざまな画像を出力してくれますが、構図は指定できません。入力した画像の構図を借りつつ、別の画像を出力したいときはimg2imgを使います。

同じ構図で別の画像にする

ここでは、森にいる熊の画像を竹林のパンダに置き換えてみます。

元となる画像。ここではSD/WebUIで出力した画像を使うが、カメラで撮った写真やイラストでもよい

「ここに画像ファイルをドロップ -または- クリックしてアップロード」に、元となる画像ファイルをドラッグ＆ドロップします。また、クリップボードに画像が入っている場合、〔Ctrl〕＋〔V〕で入力画像として貼り付けることができます。

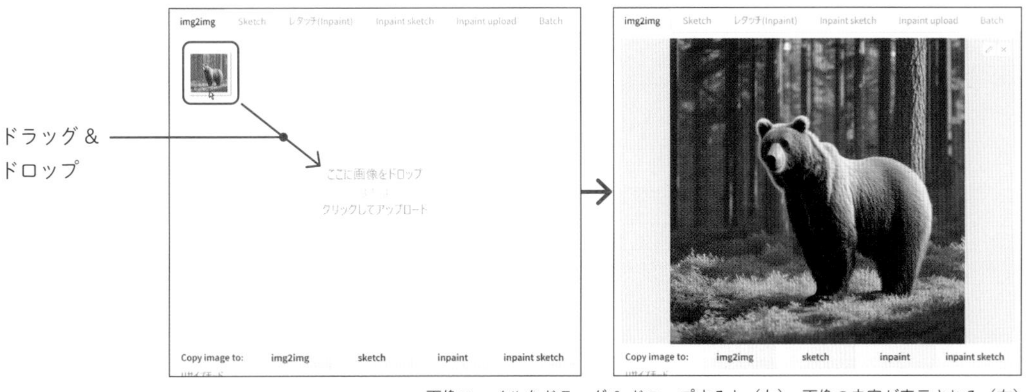

画像ファイルをドラッグ＆ドロップすると（左）、画像の内容が表示される（右）

プロンプトは**panda**｜パンダ **in bamboo thicket**｜竹林の中としました。

その下の操作部は多くがtxt2imgと共通で、txt2imgにないのは「リサイズモード」（→150ページ）と「ノイズ除去強度」です。ここでは「リサイズモード」は「リサイズのみ」、「ノイズ除去強度」は0.75としました。

「ノイズ除去強度」は、txt2imgの「高解像度補助」（→121ページ）でのノイズ除去強度と同じように、元の画像からどのくらい変化させるかの数値です。0から1の範囲で指定し、大きくなるほど元の画像との違いが増えていきます。

そのほかのパラメータは「3-3　3つのパラメータとサンプリングアルゴリズム」（→97ページ）、「3-4　画像の生成」の「画像の幅と高さ」（→105ページ）を参照してください。

「生成」ボタンをクリックすると、熊がパンダに置き換えられ、森が竹林に変化した画像が出力されました。

森の中の熊の画像から、竹林の中のパンダの画像が生成された

img2imgで出力した画像の保存先は、本書の手順でインストールした場合「sd.webui」－「webui」－「outputs」－「img2img-images」です。Google Colaboratoryでは「Colab Notebooks」－「Stable Diffusion」－「outputs」フォルダです。

リサイズモード

リサイズモードは、入力画像と生成する画像の縦横比が違うとき、余白をどう処理するかを指定します。以下は、先ほどの熊の画像を`polar bear`シロクマ `in grand canyon`グランドキャニオンのというプロンプトでimg2imgを通したものです。

リサイズのみ

入力画像の縦横比が出力画像の縦横比に合うよう、入力画像を縦方向や横方向に伸ばした上でリサイズします。

切り取ってからリサイズ

入力画像の上下や左右を切り取り、出力画像の縦横比に合わせてからリサイズします。

リサイズして埋める

入力画像が出力画像の縦横比にすべて入るようにし、余白は上下や左右の端の色で埋めてからリサイズします。

→

リサイズ（latent アップスケール）

「リサイズのみ」と同様に、入力画像を縦や横に引き伸ばしてリサイズします。その際にディテールが追加されます。

→

コラージュから画像を生成する

img2imgの入力に使える画像がない場合、既存の画像をコラージュして入力画像にする方法があります。

構図や色合いがおおむね伝われば大ざっぱなコラージュでよく、img2imgに通せばプロンプトをもとにきちんとした画像にしてくれます。

ここでは、立っている熊の入力画像をコラージュしてみます。

txt2imgで生成した2枚の画像（左と中央）と、ペイントソフトでコラージュした画像（右）

背景はそのまま使い、熊のフォルムは元にした画像からペイントソフトで切り貼りしました。

これをimg2imgにかけて出力されたのが次の画像です。プロンプトは以下の通りです。サンプリングアルゴリズムはEuler a、サンプリング回数は50回としました。

プロンプト：`high detailed`｜高精細な `realistic photo of`｜～のリアル調の写真 `standing brown bear`｜立っている熊 `in forest`｜森の中 `SIGMA 24mm f1.4`

大ざっぱなコラージュから熊の画像が生成された

ペイントツールで描き加えてから絵に変換する

img2imgの別の作例として、ジャングルにいるトラという下の画像をアンリ・ルソー風に変換してみます。その際、元の画像の月をもう少し小さくしたいほか、奥の茂みを林のように見せましょう。

img2imgの「Sketch」タブに入力画像をドラッグ＆ドロップしたところ

img2imgの「Sketch」タブには簡単なペイントツールがあります。これを使えば、画像内の色を拾うなどして、修正したい場所を塗りつぶせます。これにより、入力画像に描き加えてからimg2imgにかけることができるのです。

「Sketch」タブの右上にはいくつかのボタンがあります。

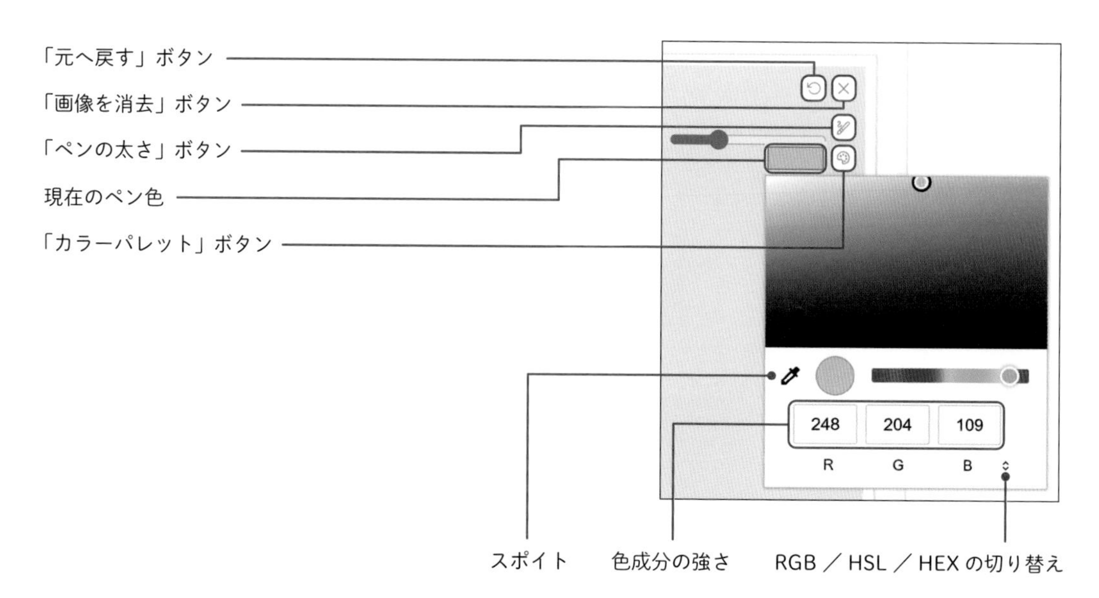

カラーパレット

クリックすると現在のペン色が小さな枠で表示され、そこをもう一度クリックすると上の図のようなカラーパレットが表示されます。
（Firefox では OS 標準のカラーパレットが表示されます）

スポイト

クリックするとマウスポインタの位置に拡大鏡が表示されます。さらにクリックすると、デスクトップ内の好きな場所の色を拾うことができます。

RGB ／ HSL ／ HEX の切り替え

クリックするたびに、色を構成する成分の表示を RGB（赤／緑／青の強さ）、HSL（色相／彩度／明度）、HEX（Web カラーの指定でよく使われる、赤／緑／青の強さを3つの16進数で表現する形式）の3種類で切り替えます。

スポイトツールで色を拾い、修正したい場所を塗ります。一度に広い範囲を塗りつぶそうとせず、少しずつ塗っていきましょう。「元へ戻す」をしたときの手戻りが最小限ですみます。

このペイントツールには「消しゴム」にあたるツールがありません。塗りつぶした場所は元の画像を上書きしますから、塗りすぎて元に戻したいときは「元へ戻す」ボタンを使います。

ペイントツールとしてはあくまで簡易的なものなので、使い慣れたペイントソフトで同じように修正してもよいでしょう。

元となる画像（左）とペイントツールで描き加えた画像（右）

ジャングルとトラと満月の画像がアンリ・ルソー風になった

プロンプトは、tiger｜トラ in jungle｜ジャングルの full moon｜満月 by Henri Rousseau｜アンリ・ルソーによるとしました。

サンプリングアルゴリズムはEuler aやDPM2がよいとされています。ここではEuler aとし、サンプリング回数は30回としました。

3-11

インペイントで画像の一部を修正する

img2imgには、入力画像の一部にマスクをかけたり塗りつぶしたりして、その部分だけ修正する「インペイント」という手法があります。マスクも塗りつぶしも、画像処理ソフトのように厳密に行う必要はありません。構図やタッチを生かしたまま、修正したいところだけ手を加えることができます。

マスクした範囲だけが修正される「レタッチ(inpaint)」

img2imgの手法には、「インペイント（inpaint)」というマスクした範囲だけが新しい画像になるものもあります。

SD/WebUIのインペイントには「レタッチ（inpaint)」と「Inpaint sketch（インペイントスケッチ)」の2つがあります。まず、マスクした場所を新しい画像に置き換える「レタッチ（inpaint)」から解説しましょう。

ここでは作例として、自由の女神像の顔をほかの顔に入れ替えてみます。

img2imgの「レタッチ（inpaint)」タブに入力画像を読み込みました。ペンツールが選択されており、マスクする範囲を黒く塗ります。右上の描画ツールはペンの太さの調整のみになっています。

プロンプトは **smiling** | 笑顔 **girl** | 女の子 です。

パラメータは「リサイズのみ」、マスクぼかし4ピクセル、「マスクされた場所をレタッチ」、「オリジナル」、「マスクのみ」、マスクされたパディングのみ（ピクセル）32ピクセル、「Euler a」、サンプリング回数100回、ノイズ除去強度0.9としました。

入力画像を読み込んだところ（左）と顔をマスクした状態（中央）、生成された画像（右）。マスクするペンの太さは右上の鉛筆ツールで調整できる

インペイントツール独自の設定項目は以下の通りです。

マスクぼかし

マスク領域と入力画像の境界をぼかす範囲をピクセル数で指定します。

マスクモード

マスクされた場所を修正するか、マスクされていない場所を修正するかを選択するものです。

マスクされたコンテンツ

マスク部分をどのような画像から生成するかを指定します。

- 埋める…周囲の色で塗りつぶしてから生成
- オリジナル…入力画像から生成
- 潜在空間でのノイズ…ノイズで塗りつぶしてから生成
- 潜在空間における無…何もない状態から生成

各設定での出力例。左から「埋める」、「オリジナル」、「潜在空間でのノイズ」、「潜在空間における無」。「埋める」と「オリジナル」は入力画像の顔の緑色を引き継いでいるのがわかる

画像を修復する範囲

マスク部分の画像を入力画像全体から生成するか、マスク部分だけを拡大して生成するかを指定します。

- 全体像…入力画像全体から修正部分を生成
- マスクのみ…入力画像からマスクの部分を切り出し、拡大して画像を生成してからマスク部分に戻す

左から、「全体像」で生成中の様子とその生成結果、「マスクのみ」で生成中の様子とその生成結果

「全体像」を指定すると、入力画像は「幅」や「高さ」で指定した解像度にリサイズされます。その際のアップスケーラーは「設定」－「アップスケール」の「img2imgで使うアップスケーラー」で指定します。
「マスクのみ」を指定した場合は、「幅」や「高さ」を指定しても入力画像はリサイズされません。

マスクされたパディングのみ（ピクセル）

「画像を修復する範囲」が「マスクのみ」のとき、マスクを切り出す範囲を外側へどの程度広げるかをピクセル数で指定します。

ノイズ除去強度

img2imgのノイズ除去強度（→149ページ）と同様、マスク部分をどの程度変化させるかの指標です。元となる画像は「マスクされたコンテンツ」の設定によって異なり、「オリジナル」を指定してノイズ除去強度を下げるとマスクの下の画像がより強く残った画像が生成されます。

修正したい場所を塗る「Inpaint sketch」

色を指示しつつインペイントしたい場合に使うのは「Inpaint sketch」です。スポイトで色を拾うなどして、修正する場所をペンでマスクしていきます。その上で画像を生成すると、マスクの部分が修正された画像が出力されます。
実例として、イラストで描かれた女性の腕のポーズを変えてみましょう。

img2imgの「Sketch」タブに修正したい画像をドラッグ＆ドロップしたところ（左）と、ペンでマスクしたところ（中央）、img2imgで生成した画像（右）

プロンプトは**young woman**｜若い女性 **outstretched**｜広げた **arms**｜腕、そのほかのパラメータは「潜在空間における無」、「全体像」、Euler a、サンプリング回数は90回、ノイズ除去強度は0.77としました。

txt2imgはプロンプトだけで画像を出力する一方、img2imgは入力画像も利用するため、細かいところまで思い通りに修正しやすいのが特徴です。

いったんimg2imgにかけた画像をさらにimg2imgにかけ、完成度を上げていくのもtxt2imgとは異なる楽しみがあります。

3-12

SD/WebUIの設定①「設定」タブ

SD/WebUIをさらに使いこなすために、設定できる項目について知っておきましょう。ここでは「設定」タブ内にある主な設定を解説します。設定を変更したら「設定を適用」ボタンを忘れずにクリックしましょう。

画像/グリッドの保存

▶画像ファイルの保存形式

デフォルトは「png」になっています。PNG形式は保存時に画質が劣化しない代わりにファイルサイズが大きくなりがちなので、こだわりがなければ「jpg」に変更してJPG形式で保存してもよいかもしれません。

▶ファイル名のパターン

画像を保存するときのファイル名をカスタマイズします。詳しくは113ページを参照してください。

▶保存時にファイル名に番号を付加する

ファイル名の先頭に5桁の連番を付けるかの設定です（→113ページ）。

▶保存するグリッド画像のファイル名に追加情報（シード値、プロンプト）を加える

グリッド画像にも「ファイル名のパターン」と同様のルールでファイル名を付ける設定です。

▶グリッドの列数

グリッド画像に画像をどのように配置するかの設定です。「-1」は自動設定となり、129ページで解説したように正方形に近づくように配置されます。「0」は「バッチの回数」と同じ列数となり、すべての画像が横一列に配置されます。そのほかの数字は、列数ではなく行数の指定になります。

JPG画像保存時の画質

画像ファイルやグリッド画像の保存形式を「jpg」にした場合など、JPG形式で画像を保存する際の画質を指定します。「100」や「99」にすれば画質の劣化はほとんどなく、同時にPNG形式よりファイルサイズを抑えることができます。

If the saved image file size is above the limit, or its either width or height are above the limit, save a downscaled copy as JPG

保存する画像やグリッドのファイルサイズが規定の容量を上回った場合に、縮小したサイズの画像をJPG形式で保存します。

File size limit for the above option, MB

ここで指定したファイルサイズを上回る画像が生成された場合に、縮小したJPG形式でも画像を保存します。単位はMBで指定します。

Width/height limit for the above option, in pixels

ここで指定した縦または横のピクセル数を上回る画像が生成された場合に、このピクセル数まで縮小したJPG形式でも画像を保存します。

保存する場所

ここでは画像の保存先を指定します。

フォルダについて

画像をサブフォルダに保存する

「保存する場所」で指定したフォルダ内にさらにフォルダを作り、その中に画像を保存します。サブフォルダへの保存については116ページを参照してください。

グリッドをサブフォルダに保存する

「保存する場所」で指定したフォルダ内にさらにフォルダを作り、その中にグリッド画像を保存します。サブフォルダへの保存については116ページを参照してください。

▶保存ボタンを押した時、画像をサブフォルダに保存する

「保存」ボタンをクリックしたときの保存先として、「保存する場所」で指定したフォルダ内にさらにフォルダを作る指定です。

▶フォルダ名のパターン

サブフォルダの命名ルールを指定します。詳しくは116ページを参照してください。

アップスケール

生成した画像を拡大してから出力する際の設定です。

▶img2imgで使うアップスケーラー

img2imgの「レタッチ（inpaint）」と「Inpaint sketch」で、「画像を修復する範囲」を「全体像」にしたとき、入力画像は「幅」や「高さ」の指定に合わせてリサイズされます。その際のアップスケーラーを指定します（→123ページ）。

顔の修復

「顔の修復」チェックボックスをオンにしたとき、修復に使うアルゴリズムの設定です。

システム設定

SD/WebUIの動作に関する設定です。

学習

素材となる画像を使って、新しいプロンプトや画風を学習する際の設定です。

Stable Diffusion

画像を生成する際の設定です。

SD VAE

補助的な学習データを指定します。「Automatic」にしておくと、学習モデルファイルの「～.ckpt」や「～.safetensors」と同じファイル名で拡張子が「vae.pt」のファイルが同じフォルダにあるとき、VAEとして自動選択されます。

チェックポイントに対応するファイル名の.vae.ptがあるなら、選択されたVAEを無視する

上の「SD VAE」でVAEファイルを明示的に指定した場合でも、「Automatic」の条件に合う「～.vae.pt」のファイルがあった場合、そちらを優先してVAEとします。

Clip skip

通常は「1」が指定されていますが、学習モデルの中には「2」の設定で画像を出力するよう推奨しているものもあります。

入力されたプロンプトから画像を生成する際、内部では層に分けて処理されていきます。層の最後まで処理する場合に「1」、1つ手前で処理を終わらせるときに「2」を指定します。

Compatibility

SD/WebUIがバージョンアップしていく中で、プロンプトや設定の解釈が新しくなったところがあります。

古いバージョンのSD/WebUIに使われたプロンプトで画像を再現するときなどに使う設定です。

Interrogate設定

img2imgのタブには「CLIPによる解析」と「DeepBooruによる解析」のボタンがあり、画像からプロンプトを推測できます。その際の設定です。

Extra Networks

追加学習されたデータの利用についての設定です。

UI設定

SD/WebUIのユーザーインターフェースの設定です。

▶モデルのハッシュ値を生成情報に追加

出力した画像には各種の生成情報が含まれていて、「PNG内の情報を表示」タブで内容を確認できます（→91ページ）。

これは、学習モデルのファイル内容から作られる10文字のハッシュ値を生成情報に含めるかの設定です。

これをオンにしておくと、画像がどの学習モデルで生成されたかを知る手がかりになります。

▶モデルの名称を生成情報に追加

出力画像に含まれる生成情報の中に、学習モデルのファイル名を含めるかの設定です。上のハッシュ値と同様、画像の生成に使われた学習モデルを知る手がかりになります。

▶テキストからUIに生成パラメータを読み込む場合（PNG情報または貼り付けられたテキストから）、選択されたモデル/チェックポイントは変更しない

「PNG内の情報を表示」で「txt2imgに転送」ボタンをクリックしたり、プロンプト欄に生成情報をペーストして「↙」ボタンをクリックしたとき、生成情報に学習モデルの情報が含まれていた場合に学習モデルを切り替えるかの設定です。

学習モデルの切り替えには数秒から数分かかるため、これをオンにしておくと生成情報を読み込ませるたびに切り替えを待つ必要がなくなります。

一方で、読み込んだ生成情報をもとに画像を生成するとき、学習モデルを切り替えるのを忘れるリスクもあります。

Send seed when sending prompt or image to other interface

生成情報を読み込ませるときに、シード値を書き替えるかの設定です。

Send size when sending prompt or image to another interface

生成情報を読み込ませるときに、「幅」「高さ」を書き替えるかの設定です。

クイック設定

SD/WebUI の画面最上部に、よく変更する設定のプルダウンメニューやスライダバーを表示できます。これらの設定項目はすべて「設定」タブの「Stable Diffusion」にあるものです。

デフォルト値は「sd_model_checkpoint」で、学習モデルを切り替えるプルダウンメニューを表示するものです。

複数の項目を列挙するときは、「sd_model_checkpoint, sd_vae」のようにカンマ区切りで記述します。

- sd_model_checkpoint…「学習モデルの切り替え」
- sd_checkpoint_cache…「RAM にキャッシュする Checkpoint 数」
- sd_vae_checkpoint_cache…「VAE Checkpoints to cache in RAM」
- sd_vae…「SD VAE」(→163ページ)
- sd_vae_as_default…「チェックポイントに対応するファイル名の .vae.pt があるなら、選択された VAE を無視する」(→163ページ)
- inpainting_mask_weight…「Inpainting conditioning mask strength」
- initial_noise_multiplier…「Noise multiplier for img2img」
- img2img_color_correction…「元画像に合わせて img2img の結果を色補正する」
- img2img_fix_steps…「img2img でスライダーで指定されたステップ数を正確に実行する」
- img2img_background_color…「With img2img, fill image's transparent parts with this color.」

- enable_quantization…「より良い結果を得るために、Kサンプラーで量子化を有効にする」
- enable_emphasis…「強調：(text)とするとモデルはtextをより強く扱い、[text]とするとモデルはtextをより弱く扱う」
- enable_batch_seeds…「K-diffusionサンプラーによるバッチ生成時に、単一画像生成時と同じ画像を生成する」
- comma_padding_backtrack…「75トークン以上を使用する場合、nトークン内の最後のカンマからパディングして一貫性を高める」
- CLIP_stop_at_last_layers…「Clip skip」（→163ページ）
- upcast_attn…「Upcast cross attention layer to float32」

txt2img/img2img UI item order

txt2imgとimg2imgで各設定項目の並びを変えることができます。下はデフォルトの順序です。

- inpaint…「レタッチ（inpaint)」と「Inpaint sketch」のマスクぼかし／マスクモード／マスクされたコンテンツ／画像を修復する範囲／マスクされたパディングのみ（ピクセル）
- sampler…サンプリングアルゴリズム
- checkboxes…「顔の修復」「テクスチャ生成モード」「高解像度補助」の3つのチェックボックス
- hires_fix…高解像度補助
- dimensions…幅／高さ／バッチの回数／1回当たりの枚数
- cfg…CFGスケール
- seed…シード値／その他
- batch…バッチの回数／1回当たりの枚数
- override_settings…不明
- scripts…スクリプト

Live previews

画像を生成中の様子をプレビューできる機能についての設定です。

Show live previews of the created image

生成中のプレビューを表示するかの設定です。プレビューの表示にはわずかですが時間がかかります。少しでも早く画像を出力したいときはオフにするとよいでしょう。

Image creation progress preview mode

プレビューの画質の設定です。「フル」が高画質、「Approx NN」は中程度の画質、「Approx cheap」が低画質です。

画質を下げると生成速度が1割以上早くなるため、「Approx cheap」をおすすめします。

サンプラーのパラメータ

サンプリングアルゴリズム（→99ページ）についての設定です。

使わないサンプリングアルゴリズムを隠す（再起動が必要）

「サンプリングアルゴリズム」のプルダウンメニューに表示しない項目を指定します。

Postprocessing

画像を出力したあとの処理に関する設定です。

Actions

SD/WebUI の動作などに関するボタンがまとめられています。

▶ブラウザに通知の許可を要求

画像が出力されるとブラウザが通知するように設定できます。このボタンは、通知の許可をブラウザが求めるダイアログボックスを呼び出すものです。詳しくは106ページを参照してください。

ライセンス

SD/WebUI で使われているいくつかのアルゴリズムに関するライセンス表記です。

すべてのページを表示

「設定」タブにあるすべての設定項目を1ページにまとめて表示します。

3-13

SD/WebUIの設定②そのほかの設定

SD/WebUIの動作は「設定」タブ以外でもさまざまにカスタマイズできます。ここでは、各種の設定ファイルの内容を書き替える設定方法やその管理について解説します。

「webui-user.bat」で起動オプションを設定する

SD/WebUIをセットアップする際に、「webui-user.bat」の内容を編集しました（→64ページ）。

ここには、SD/WebUIが起動する際のさまざまな設定を書き込むことができます。主なものを紹介します。

- --ckpt…起動時に読み込む学習モデルをファイル名で指定する。本書の手順に従ってインストールした場合、公式の学習モデルを読み込むには「--ckpt C:/sd.webui/webui/models/Stable-Diffusion/v2-1_768-ema-pruned.safetensors」のように記述する。ディレクトリの区切り文字は「¥」ではなく「/」を使う
- --ckpt-dir…学習モデルのフォルダの場所を指定する
- --listen…ネットワーク内のほかのブラウザからSD/WebUIを利用できるようにする
- --xformers…同じパラメータで生成される画像が完全に同じにはならない代わりに、画像生成時に消費するVRAMを節約できる
- --medvram…VRAMが少ないGPUを使っているとき、画像生成速度と引き換えに画像が生成されない問題を解消する
- --lowvram…VRAMがきわめて少ないGPUを使っているとき、画像生成速度と引き換えに画像が生成されない問題を解消する
- --autolaunch…SD/WebUIが起動したらブラウザを起動し、フロントエンドのページを自動的に表示する
- --theme…「--theme dark」と指定するとダークモードで起動する

すべての起動オプションは、以下のURLに掲載されています。

https://github.com/AUTOMATIC1111/stable-diffusion-webui/

wiki/Command-Line-Arguments-and-Settings

「ui-config.json」で数値の初期値や増減値を変更する

SD/WebUIが起動したときの「幅」や「高さ」、サンプリングアルゴリズムやサンプリング回数を変更するには、「ui-config.json」をテキストエディタなどで編集します。

ui-config.jsonは「sd.webui」－「webui」フォルダ、Google Colaboratoryでは「マイドライブ」－「Colab Notebooks」－「Stable Diffusion」フォルダにあります。

ファイルを複製し、何かあったとき元に戻せるようにしてから編集しましょう。

txt2imgの設定

- 9行目："txt2img/Sampling method/value": "Euler a",…サンプリングアルゴリズム
- 11行目："txt2img/Sampling steps/value": 20,…サンプリング回数
- 13行目："txt2img/Sampling steps/maximum": 150,…サンプリング回数の最大値
- 14行目："txt2img/Sampling steps/step": 1,…サンプリング回数の増減値
- 22行目："txt2img/Upscaler/value": "Latent",…「高解像度補助」のアップスケーラー
- 49行目："txt2img/Width/value": 512,…「幅」のピクセル数
- 50行目："txt2img/Width/minimum": 64,…「幅」の最小値
- 51行目："txt2img/Width/maximum": 2048,…「幅」の最大値
- 52行目："txt2img/Width/step": 8,…「幅」の増減値
- 54行目："txt2img/Height/value": 512,…「高さ」のピクセル数
- 55行目："txt2img/Height/minimum": 64,…「高さ」の最小値
- 56行目："txt2img/Height/maximum": 2048,…「高さ」の最大値
- 57行目："txt2img/Height/step": 8,…「高さ」の増減値

img2imgの設定

- 225行目："img2img/Sampling method/value": "Euler a",…サンプリングアルゴリズム
- 227行目："img2img/Sampling steps/value": 20,…サンプリング回数
- 229行目："img2img/Sampling steps/maximum": 150,…サンプリング回数の最大値
- 230行目："img2img/Sampling steps/step": 1,…サンプリング回数の増減値
- 236行目："img2img/Width/value": 512,…「幅」のピクセル数
- 237行目："img2img/Width/minimum": 64,…「幅」の最小値

- 238行目："img2img/Width/maximum": 2048,…「幅」の最大値
- 239行目："img2img/Width/step": 8,…「幅」の増減値
- 241行目："img2img/Height/value": 512,…「高さ」のピクセル数
- 242行目："img2img/Height/minimum": 64,…「高さ」の最小値
- 243行目："img2img/Height/maximum": 2048,…「高さ」の最大値
- 244行目："img2img/Height/step": 8,…「高さ」の増減値

「ui-config.json」と「config.json」はときどきリフレッシュさせる

SD/WebUIを長期間にわたってアップデート（→68ページ）し続けて使っていると、動作がおかしくなることがあります。原因の1つが、「ui-config.json」や「config.json」の内容が新しいSD/WebUIに合わなくなることです。
「config.json」はSD/WebUIの「設定」タブで設定した内容が書かれたファイルで、「ui-config.json」と同じフォルダにあります。

これらの設定ファイルの内容は、SD/WebUIのバージョンアップで項目が増減することがあります。SD/WebUIを新規にセットアップすれば最新の設定ファイルが作られますが、アップデートでは設定項目の増減がこれらの設定ファイルに反映されません。その結果、設定ファイルに設定項目が見つからず、SD/WebUIが正しく動作しなくなることがあるのです。

このような事態を避けるために、SD/WebUIはときどき新しいフォルダに新規にセットアップしましょう。

以下は、新規にセットアップ後、今までの設定を新しい設定ファイルに転記する手順です。

新しい「ui-config.json」はSD/WebUIを再セットアップ後、一度起動すると生成されます。「config.json」はSD/WebUIの起動後に「設定」タブの「設定を適用」ボタンをクリックすると生成されます。

本書で紹介したGoogle ColaboratoryでSD/WebUIを使っている場合、SD/WebUI本体は常に最新版が起動します。2つの設定ファイルを新規に生成するには、Googleドライブ上の「config.json」や「ui-config.json」を別の名前にリネームしてからSD/WebUIを起動します。新しい2つの設定ファイルを生成したらSD/WebUIを停止し、［設定のバックアップ］のコードセルを実行します。すると、今までの設定ファイルと同じフォルダに新しい2つの設定ファイルがコピーされます。

そして、生成された2つのファイルとこれまで使っていた設定ファイルを見比べながら、設定値を新しい設定ファイルに転記していきます。

ファイルの比較や異なる部分の転記には「WinMerge」のようなファイル比較ソフトを使うと便利でしょう。WinMergeは**https://winmerge.org/**からダウンロードできます。

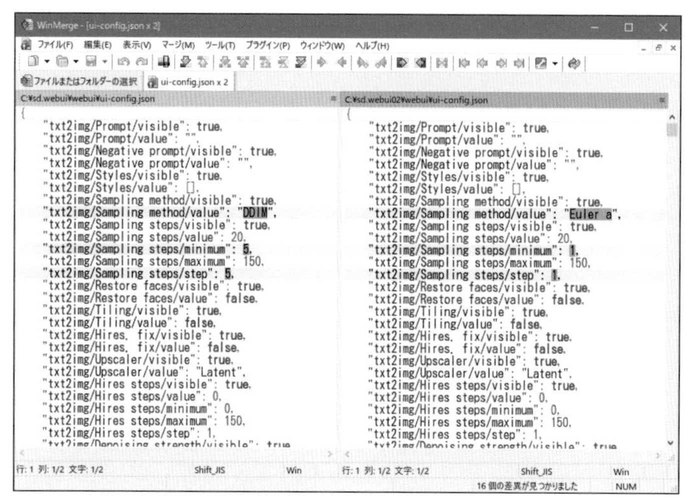

複数のファイルで異なる場所を色分けで表示してくれる「WinMerge」。左ペインの内容を右ペインへ転記するなども1操作でできる

第4章

こんな画像を出力するには

4-1

ほかの人の作品とプロンプトを見てみよう

Stable Diffusion を使い始めたユーザーが知りたいのは、どんなプロンプトを入力すればよいのかについての情報でしょう。プロンプトとそこから生成された画像が集まっている Web サイトを紹介します。

さまざまな作品とプロンプトを見られるサイト

Lexica https://lexica.art/

Stable Diffusion 向けのプロンプト公開サイトでよく知られているのが「Lexica」です。Stable Diffusion の出力結果とプロンプトが大量に掲載されています。検索も「Search by image relevancy（画像の関連度で検索）」と「Search by prompt text（プロンプトを検索）」を選べます。

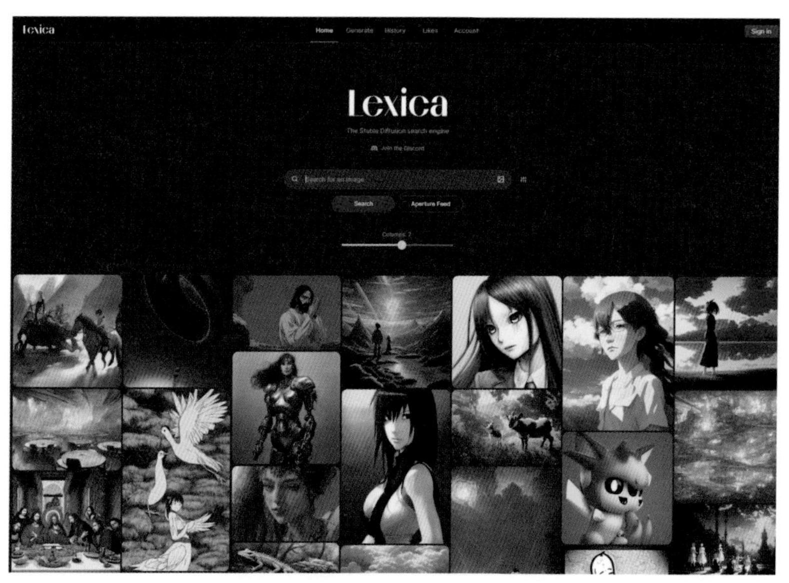

Stable Diffusion のリリースからほどなくオープンした、プロンプトの集積サイト

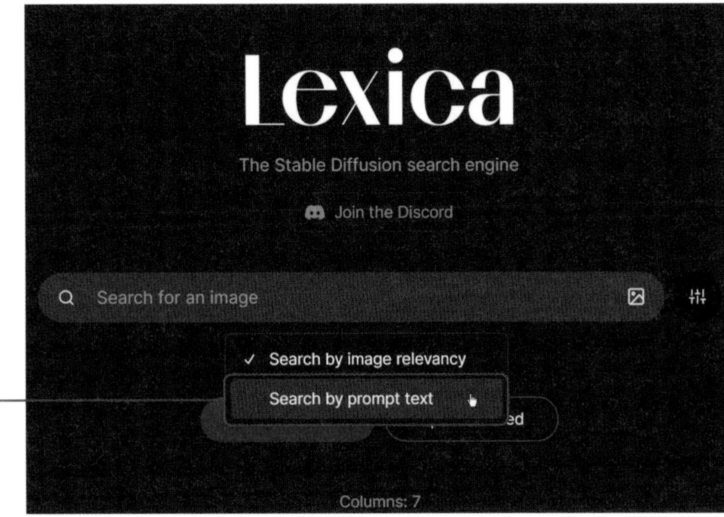

検索オプションのボタンをクリックすると、画像の内容とプロンプトのどちらを検索するか選択できる

Mage　https://www.mage.space/

Stable DiffusionのWebサービスである「Mage」は、ユーザーが生成した画像を一覧できるページを用意しています。Lexicaと同様、プロンプトやそのほかのパラメータも公開されています。検索はできないので、画面上部でジャンルを選んだあとは画面をスクロールして好みの画像を探すことになります。

「Mage」ではExploreのページ（https://www.mage.space/explore）で画像を一覧できる

StockAI　https://www.stockai.com/

「StockAI」はAI生成画像専門のストックフォトサービスです。画像とともにプロンプトが公開されています。

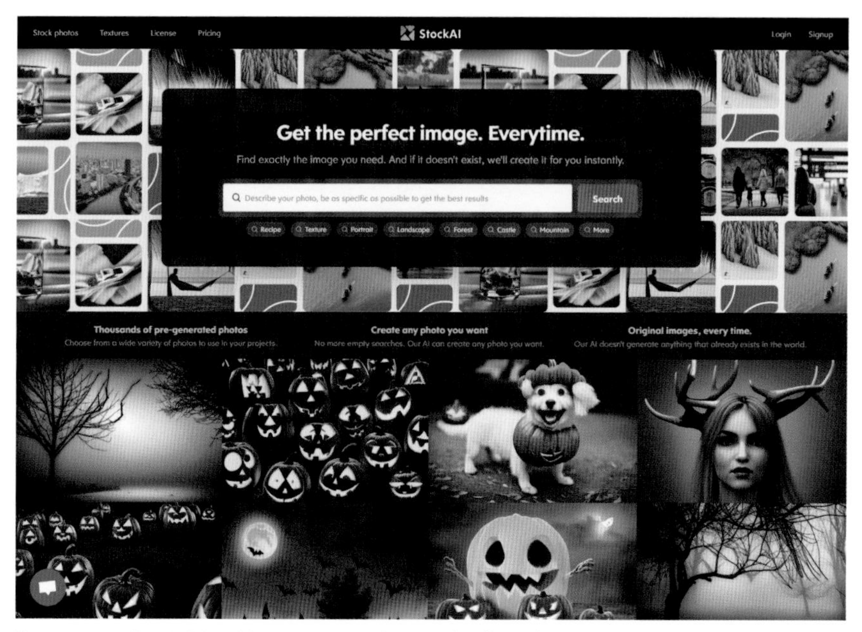

「StockAI」は画像を再現する詳細なパラメータは非公開だが、プロンプトは公開している

AI Prompt　https://www.aiprompt.io/

「AI Prompt」はプロンプトをランダムに生成するサービスです。画面中央の「Generate prompt」をクリックすると、下の欄にプロンプトが生成されます。

プロンプト欄の右にあるコピーボタンでプロンプトをクリップボードにコピーして、Stable Diffusionにペーストすればすぐに画像を生成できます。

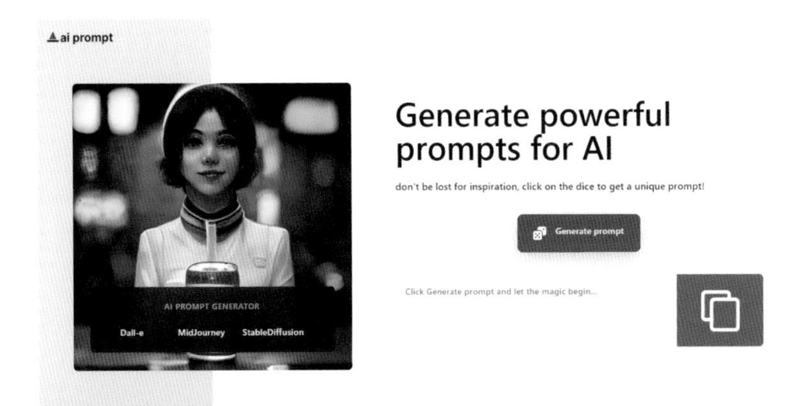

「AI Prompt」が生成するプロンプトは英単語を適当につないだものではなく、全体で意味がまとまっている

4-2

人物のイラストを出力する

画像生成AIで作ってみたい画像として、多くの人が考えるのは人物のイラストではないでしょうか。ここではシンプルなプロンプトにさまざまなディテールを追加し、複雑な人物イラストにしていきます。 〔比嘉康雄〕

美しい女性のイラストを出力したい

イラストを出力するにあたって、基本となるプロンプトは illustration of | ～のイラスト 描画対象 です。

さっそく beautiful girl | 美しい女性 を描画してみましょう。以下のプロンプトで画像を生成してみてください。

illustration of | ～のイラスト beautiful girl | 美しい女性

出力結果の例です。

illustration of | ～のイラスト beautiful girl | 美しい女性の出力例。パラメータはSeed: 1～8、Steps: 50、Sampler: DDIM、Scale: 7.5（この節は以下同じ）

何枚か生成してみるとわかるように、出力された画像は比較的シンプルで、また画風もさまざまです。illustration of | ～のイラスト beautiful girl | 美しい女性だけのプロンプ

トは簡単すぎて、多くの部分をAIにおまかせすることになります。その結果、出力が安定しないのです。

何を描画したいのかを、Stable Diffusionにもっと詳しく伝える必要があります。

顔のパーツを示すプロンプトを追加していく

Stable Diffusionは、detailed｜きめ細かい ～ というプロンプトを書くと～の部分を詳細に描こうとします。detailed｜きめ細かい 体のパーツ というプロンプトで、顔の各パーツを描写していきましょう。

顔に限らず、体の各パーツをプロンプトで明示するのが重要です。Stable Diffusion公式の学習モデルでは、体のパーツのプロンプトを省略すると人体の重要なパーツがおかしな描写になったり、そもそも描かれなかったりすることがあります。特に目と口はプロンプトに含めるようにしましょう。

目をきちんと描画させるプロンプトはdetailed｜きめ細かい perfect｜完璧な pupil of eyes｜瞳 とします。口を描くプロンプトはdetailed｜きめ細かい mouth｜口 です。shoulders｜肩 とchest｜胸部 も加えて、同じようにdetailed｜きめ細かい をつけます。

これらのプロンプトを追加して、以下のようになりました。

illustration of beautiful girl detailed｜きめ細かい beautiful｜美しい face｜顔
detailed｜きめ細かい perfect｜完璧な pupil of eyes｜瞳 detailed｜きめ細かい mouth｜口
detailed｜きめ細かい shoulders｜肩 detailed｜きめ細かい chest｜胸部

出力結果の例です。目や口、肩や胸のあたりまでプロンプトに含めたことで、描写が格段に詳細になりました。

体のパーツを表すプロンプトを追加した出力結果

高品質な画像を生成するために追加するプロンプト

生成される画像の品質を上げるプロンプトにはさまざまなものがあります。定番が、「ArtStation」と「DeviantArt」というアート作品の投稿サイト名をプロンプトに含めることです。

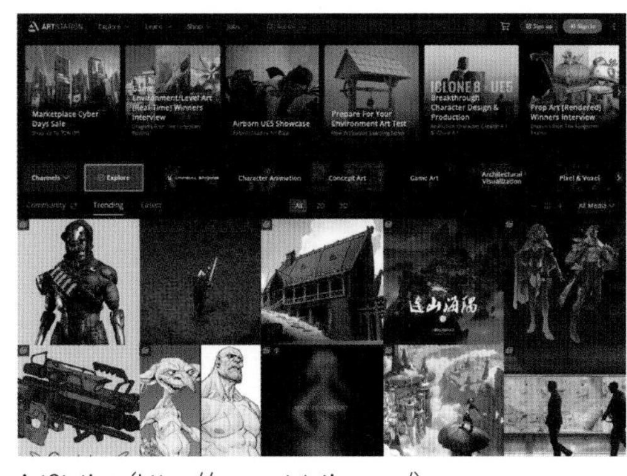

ArtStation（https://www.artstation.com/）

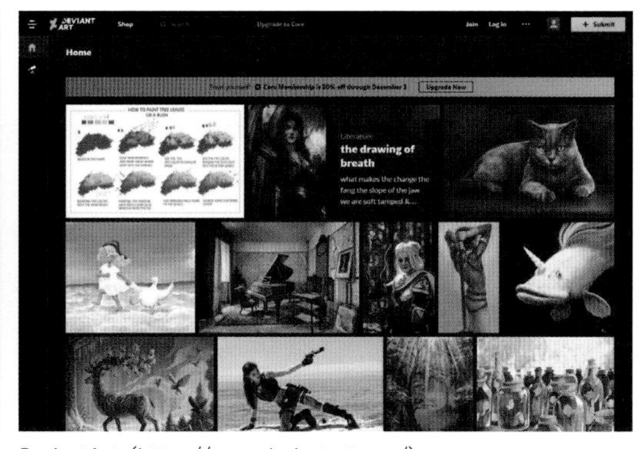

DeviantArt（https://www.deviantart.com/）

これらの名前をプロンプトに加えると、ArtStationやDeviantArtに投稿されるようなハイクオリティな画像が生成されやすくなります。

ここまでのプロンプトの末尾に **artstation** | アートステーション と **deviantart** | デヴィアントアート を追加しました。

illustration of beautiful girl detailed beautiful face detailed perfect pupil of eyes detailed mouth detailed shoulders detailed chest artstation｜アートステーション deviantart｜デヴィアントアート

出力結果の例です。さらにディテールが加わったと感じられるのではないでしょうか。

プロンプトにartstation｜アートステーション deviantart｜デヴィアントアートを追加した出力結果

背景や照明のプロンプトを加えて奥行きを出す

人物の描写はよくなりましたが、背景がなく構図も単純です。これを改善するためにscene｜場面とcomposition｜構図のプロンプトを追加しましょう。

背景を表すプロンプトはbackground｜背景ではないかと思うかもしれませんが、scene｜場面のほうが効果が高いようです。

もう一つ追加したいのがlighting｜照明のプロンプトです。これによって、対象の描写に特別感が出ます。

これらのプロンプトの形容詞にimpressive｜印象的なを使うと、どんな場面でもいい効果を上げます。

場面、構図、照明のプロンプトを末尾に追加して、以下のようになりました。

illustration of beautiful girl detailed beautiful face detailed perfect pupil of eyes detailed mouth detailed shoulders detailed chest artstation deviantart impressive｜印象的な scene｜場面 impressive｜印象的な composition｜構図 impressive｜印象的な lighting｜照明

出力結果の例です。ドラマチックな表現になりました。

impressive｜印象的な scene｜場面 impressive｜印象的な composition｜構図 impressive｜印象的な lighting｜照明を追加した出力結果

フォトリアルなイラストにするプロンプト

まるで写真のようにリアリティがあるイラストにしたいときに使うプロンプトが octane render｜オクターンレンダーです。
「Octane Render」とは、ゲーム開発プラットフォームである「Unity」向けのレンダリングエンジン製品のことです。Octane Renderで出力したとタグづけされたフォトリアルな画像を学習した結果、そのような画像を出力するプロンプトになったのでしょう。

octane render｜オクターンレンダーと同じ効果を持つプロンプトには ray tracing｜レイトレーシング、unreal engine｜アンリアルエンジン、PlayStation｜プレイステーション、4k、8k などが知られていますが、Stable Diffusionの公式学習モデルでは octane render｜オクターンレンダーが最も効果が高いようです。これを先ほどのプロンプトの末尾に追加しました。

illustration of beautiful girl detailed beautiful face detailed perfect pupil of eyes detailed mouth detailed shoulders detailed chest artstation deviantart impressive scene impressive composition impressive lighting octane render｜オクターンレンダー

出力結果の例です。描写のきめが細かくなり、フォトリアルなイラストになりました。

octane render｜オクターンレンダーを追加した出力結果

プロンプトはなぜ「呪文」?

どんな画像を出力するのか、画像生成 AI に指示するための文字列がプロンプトです。興味深いのは、これを「呪文」と呼ぶ文化があることです。この表現がしっくり来ると感じる人が多いからでしょう。

ではなぜ、プロンプトは呪文なのでしょうか。理由を考えてみて、仮説が思い浮かびました。それは、プロンプトも魔法の呪文も言葉でできているからということです。魔法使いは呪文という言葉を操って魔法を起動し、炎や水をくり出したり、傷を治したりします。画像生成 AI のプロンプトも、言葉から無限の画像を生成します。

言葉を組み立てて呪文にし、さまざまな魔法を生成するイメージが、プロンプトという言葉を積み重ね、試行錯誤をくり返して思い通りの画像を生成しようとする画像生成 AI に似ているといえないでしょうか。

海外ではどうでしょうか。中国語圏ではプロンプトを「魔咒」（魔法の呪文）と呼ぶことがあります。一方、欧米ではプロンプトはあくまで「prompt」であり、「spell」とは呼ばないようです。

東洋と西洋で、魔法や呪文に対する印象の違いがあるのかもしれません。

プロンプトがなぜ「呪文」なのか、皆さんも理由を考えてみてください。

4-3

アニメ風の人物イラストを出力する

アニメ風のかわいい女の子の画像をAIに生成させたいと考えている人は多いのではないでしょうか。ここではStable Diffusionの公式とは異なる学習モデルを使って、目標達成を目指してみましょう。

学習モデルに「でりだモデル」を使う

Stable Diffusionの公式学習モデルは、日本のイラストサイトでよく見かけるアニメ風の描写がとても苦手です。公式の学習モデルで生成された画像とプロンプトを集めている「Lexica」で `anime` を検索してみると、下のような結果になりました。

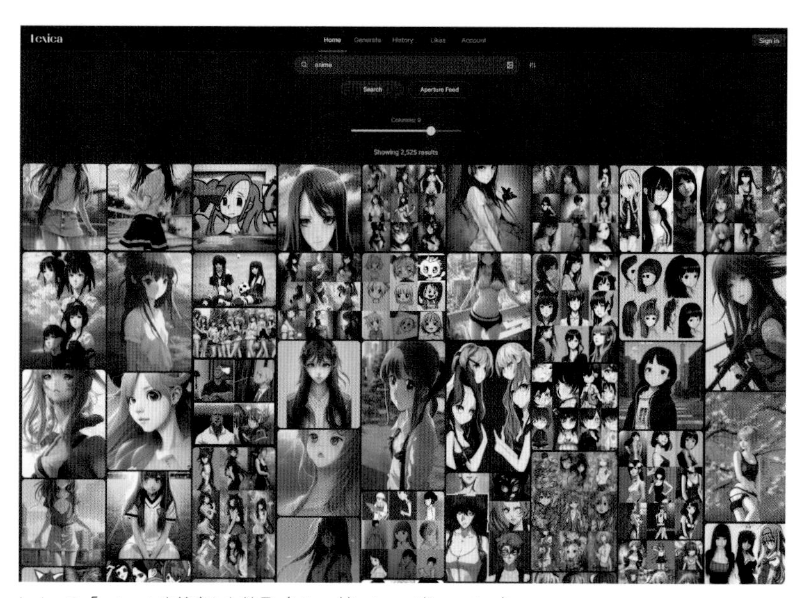

lexicaで「anime」を検索した結果（https://lexica.art/?q=anime）

アニメ風のイラストとは画風が大きく異なることがわかるでしょう。公式の学習モデルでは、このようなジャンルの画像を出力するのが難しいのです。

そこでこの節では、Bit192 Labsが提供している学習モデル「でりだモデル」を使うことにします。

でりだモデルは第3章の「学習モデルの追加と変更」（→142ページ）ですでにダウンロード済みです。

WebUIの左上にある「Stable Diffusion checkpoint」のプルダウンメニューをクリックし、「derrida_final.ckpt」を選択します。

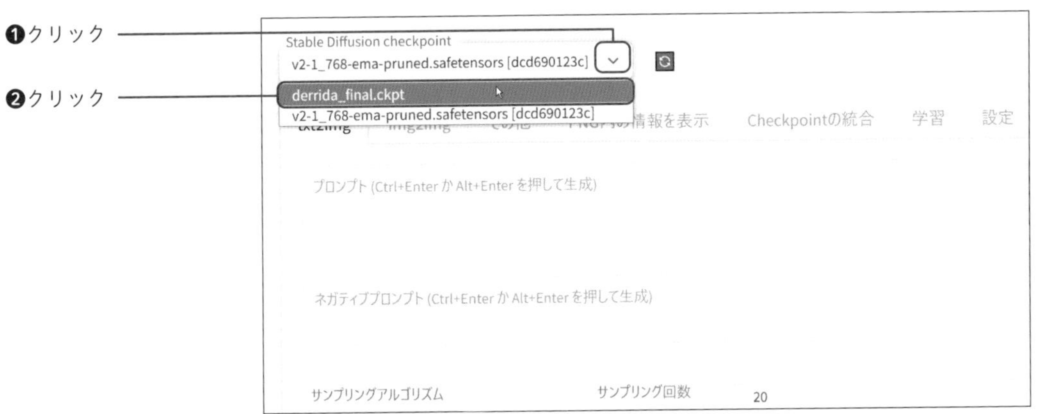

画像生成に使う学習モデルを切り替える

イラスト風の女の子を出力する

でりだモデルで女の子の画像を出力してみましょう。プロンプトはシンプルに girl｜女の子 school uniform｜学校の制服 とします。一単語でほぼ同じ意味の schoolgirl｜女生徒 より、こちらのほうがよい画像が出ると感じました。

ネガティブプロンプトには lowres｜低解像度 blurred｜不鮮明な のほか、ときどき下着が見えてしまうため underwear｜下着 を指定します。

girl｜女の子 school uniform｜学校の制服

ネガティブプロンプト：lowres｜低解像度 blurred｜不鮮明な underwear｜下着

生成結果の例は以下のようになりました。簡単なプロンプトでアニメイラスト風の絵が生成されています。背景については何も指定していませんが、多くは詳細で具体的な風景です。

一方で全体的なプロポーションや顔の作りは頼りないので、これを改善していきましょう。

512×512ピクセル、Seed: 1～8、Steps: 50、Sampler: DDIM、CFG scale: 11（この節は以下同じ）

推奨されるネガティブプロンプトを追加する

でりだモデルには推奨されているネガティブプロンプトがあります。公式ページ（**https://huggingface.co/naclbit/trinart_derrida_characters_v2_stable_diffusion**）の一番下を見てみましょう。

ここには、画像生成AIサービスの「とりんさまアート」がでりだモデルを採用しているときに追加されていたネガティブプロンプトや、ディテールを上げるネガティブプロンプトが紹介されています。また、ねじれた手足や余分な手足が出ないように、bad hands｜悪い手やfewer digits｜少ない指といったプロンプトも勧められています。これらをネガティブプロンプトに追加しましょう。

さらに、手足に関するネガティブプロンプトにはプロンプト強調（→89ページ）をかけました。

girl school uniform

ネガティブプロンプト：lowres blurred underwear (bad hands｜悪い手 fewer digits｜少ない指 bad anatomy｜解剖学的に悪い mutated limbs｜変形した手足

extra limbs:1.4) 余分な手足 retro style レトロ調 1980s 1980年代 1990s 1990年代 2000s 2000年代 2005 2006 2007 2008 2009 2010 2011 2012 2013 2014 2015 2016 2017 2018 2019 flat color 平坦な色 flat shading 平坦な陰影表現

以下は、生成結果の例です。顔や全身の描画品質が一気に上がりました。全体のトーンもばらつきがなく、高めの彩度と明るい雰囲気で統一されています。

推奨されたネガティブプロンプトを追加した結果、高品質な画像が出るようになった

セル画調にするプロンプト

ここから、フラットなイラスト調へと変化させることにします。

プロンプトに cel shading セル画調の陰影表現 を、ネガティブプロンプトに 3d を追加します。3d は3DCGのような立体的な表現のことで、ネガティブプロンプトへ入れることで平坦な表現にできます。

cel shading セル画調の陰影表現 girl school uniform

ネガティブプロンプト： 3d lowres 以下は変更なし

ゆるやかなグラデーションで表現されていた陰影が、アニメのように段階のある陰影に変化してきた

線の表現を強調するプロンプト

プロンプトに vector illustration｜ベクターイラスト を追加します。ここでの「ベクター」はコンピュータグラフィックスの用語で、文字や図形を表現する際に、座標を持つ点の集まり（ラスター）ではなく座標と座標を結ぶ線（ベクター）を用いるものです。

ラスター画像の典型がStable Diffusionによって生成される画像です。ドットの集まりで表現されているので、拡大していくと線にギザギザが見えてきます。一方ベクター画像は拡大しても線のままです。

そのようなベクターの画像をプロンプトに書くことによって、線で描かれた画像が出やすくなります。

ネガティブプロンプトはそのままです。

vector illustration｜ベクターイラスト cel shading girl school uniform

ネガティブプロンプト：変更なし

線とフラットな色で描かれるイラストが増えた。風景は線で表現しづらいのか、線画のイラストは背景が消失した

色の数を制限してマンガ調にする

線画が中心になったイラストに limited color｜色を限定 のプロンプトを追加します。これは、画像の中で使われる色の数を減らす効果があります。

vector illustration cel shading limited color｜色を限定 girl school uniform

ネガティブプロンプト：変更なし

人物はモノクロで描かれ、マンガの表現に近くなる

4-4

さまざまな画材で描かれた絵を出力する

Stable Diffusionの公式学習モデルは、さまざまな画材で描かれた絵を学習しています。画材の名前を指定すると、その画材を使ったイラストを出力してくれるのです。
〔比嘉康雄〕

ひまわりの油彩画

油彩画を出力してみましょう。oil painting｜油絵というプロンプトで油彩画を生成できます。ひまわりの油彩画であればoil painting of｜～の油絵 sunflowers｜ひまわりというプロンプトにします。

人物を出力するときはdetailed｜きめ細かい 体のパーツというプロンプトで顔や口、肩などを描写させていました。人物以外の出力ではhighly detailed｜精緻なというプロンプトがあれば、細かく描写された絵が出力されます。

artstation｜アートステーション以下は、生成される画像の品質を上げるプロンプトです（→180ページ）。

さらに、ネガティブプロンプトにlowres｜低解像度 blurred｜不鮮明なを入れました。これによって仕上がりの品質が一段とよくなります。

oil painting of｜～の油絵 sunflowers｜ひまわり highly detailed｜精緻な
artstation｜アートステーション deviantart｜デヴィアントアート impressive｜印象的な scene｜場面
impressive｜印象的な composition｜構図 impressive｜印象的な lighting｜照明
ネガティブプロンプト：lowres｜低解像度 blurred｜不鮮明な

ひまわりの油絵。Seed:1 ～ 8、Steps: 50、Sampler: DDIM、CFG scale: 7.5（この節は以下同じ）

桜の木の水彩画

watercolor painting｜水彩画のプロンプトを使うと、水彩画のような画像を描画できます。これで桜の木を描いてみましょう。

ひまわりの油絵のプロンプトにあるoil painting of｜～の油絵をwatercolor painting of｜～の水彩画に、sunflowers｜ひまわりをcherry blossoms｜桜に変更します。

watercolor painting of｜～の水彩画 cherry blossoms｜桜 highly detailed artstation deviantart impressive scene impressive composition impressive lighting

ネガティブプロンプト：lowres blurred

桜や桜並木の水彩画。光が当たり明るい雰囲気になった

ラクダのクレヨン画

crayon painting｜クレヨン画 のプロンプトを使うと、クレヨンで書いたような画像を描画できます。これで camel on the desert｜砂漠のラクダ を描きます。

ネガティブプロンプトに lowres｜低解像度 blurred｜不鮮明な を入れるとクレヨン画らしくなくなるため、ここでは外しました。

crayon painting of｜〜のクレヨン画 camel on the desert｜砂漠のラクダ highly detailed artstation deviantart impressive scene impressive composition impressive lighting

クレヨンで精緻に描かれたラクダ

サングラスをかけた猫の色ボールペンアート

色付きボールペンで描いたような画像を出力するには、color ball-point pen art｜色ボールペンアートというプロンプトを使います。サングラスをかけた猫はcat｜猫 wearing sunglasses｜サングラスをかけたというプロンプトで表現します。crayon painting of｜〜のクレヨン画 camel on the desert｜砂漠のラクダをこれらに置き換えてみましょう。

color ball-point pen art of｜〜の色ボールペンアート cat｜猫 wearing sunglasses｜サングラスをかけた highly detailed artstation deviantart impressive scene impressive composition impressive lighting

出力結果の例です。サングラスをかけた猫、かっこいいですね。

細かい毛並みやサングラスへの映り込みもしっかり描かれている

バベルの塔の色鉛筆スケッチ

color pencil sketch｜色鉛筆のスケッチ は、色鉛筆で描いたようなタッチの画像を出力できるプロンプトです。

ball-point pen art of｜～のボールペンアート cat｜猫 wearing sunglasses｜サングラスをかけた を color pencil sketch of｜～の鉛筆のスケッチ tower of babel｜バベルの塔 に変更しました。全体のプロンプトは以下のようになります。

color pencil sketch of｜～の鉛筆のスケッチ tower of babel｜バベルの塔 highly detailed artstation deviantart impressive scene impressive composition impressive lighting

出力結果の例です。tower of babel｜バベルの塔 は見栄えのする建物が出やすいプロンプトです。ぜひ活用してください。

色鉛筆で描かれたバベルの塔とともに、色鉛筆そのものも描かれることが多い

写真のようにリアルで3D的な鉛筆画

3D photorealistic｜フォトリアルな pencil drawing｜鉛筆画 のプロンプトを使えば、写真のようなリアルな3Dの鉛筆画を描画できます。これで戦闘機の編隊が雲の上を飛ぶ様子を描いてみましょう。fighter aircraft squadron｜戦闘機の編隊 on cloud｜雲の上の とあわせて、下のようなプロンプトにしますが、ネガティブプロンプトに lowres｜低解像度 blurred｜不鮮明な を入れて品質を上げます。

3D photorealistic｜フォトリアルな pencil drawing of｜～の鉛筆画 fighter aircraft squadron｜戦闘機の編隊 on cloud｜雲の上の highly detailed artstation deviantart impressive scene impressive composition impressive lighting

ネガティブプロンプト：lowres blurred

戦闘機の編隊が雲の上を飛ぶ様子を描いた鉛筆画

粗いポリゴンのスポーツカー

「ポリゴン（polygon）」とは3点以上の頂点を結んでできた多角形のことであり、CG映像や3Dゲームに使われる3Dモデルを構成する最小単位です。

細かいポリゴンを大量に使うほどなめらかな3Dモデルになりますが、ここでは low poly｜粗いポリゴン をあえてプロンプトに入れることで、独特の表現を狙います。「poly」は「polygon」の省略表現です。

粗いポリゴンで構成されるスーパーカーが高速道路を走る画像を出力してみましょう。colored｜色つきの supercar｜スーパーカー と running on highway｜高速道路を走る のプロンプトを使います。

colored｜色つきの low poly｜粗いポリゴン illustration of｜～のイラスト supercar｜スーパーカー running on highway｜高速道路を走る highly detailed artstation deviantart impressive scene impressive composition impressive lighting

粗いポリゴンで構成されるスポーツカー。少し昔の3D レーシングゲームのような、独特な質感のスポーツカーになった

そのほかの画材の例

Stable Diffusion は、これまでに挙げたほかにもさまざまな画材を使った絵を出力できます。

以下の作例はいずれも Seed: 1 ～ 8、Steps: 50、Sampler: DDIM、CFG scale: 7.5で作成しています。

水墨画

mountain and river｜山と川 chinese india ink paintings｜水墨画

水墨画の作例。「chinese」を省略した「india ink paintings」のプロンプトでは色つきの絵が生成されることが多い

ステンドグラス

stained glass of | ～のステンドグラス　goddess | 女神

ステンドグラスの作例。簡単なプロンプトでもバラエティ豊かな画像が生成される

古代ローマのモザイクタイル

couple | カップル　roman mosaic | ローマのモザイクタイル

長い時間を経て現代まで伝わった古代ローマ時代のモザイク画を再現

▶古代エジプトの壁画

couple | カップル　ancient egypt | 古代エジプト　mural | 壁画

ローマのモザイクタイルにプロンプトが近くシード値も同じため、構図が似ているものもある

▶切り絵

savanna | サバンナ　landscape | 風景　paper cutouts | 切り紙　artstation | アートステーション　deviantart | デヴィアントアート

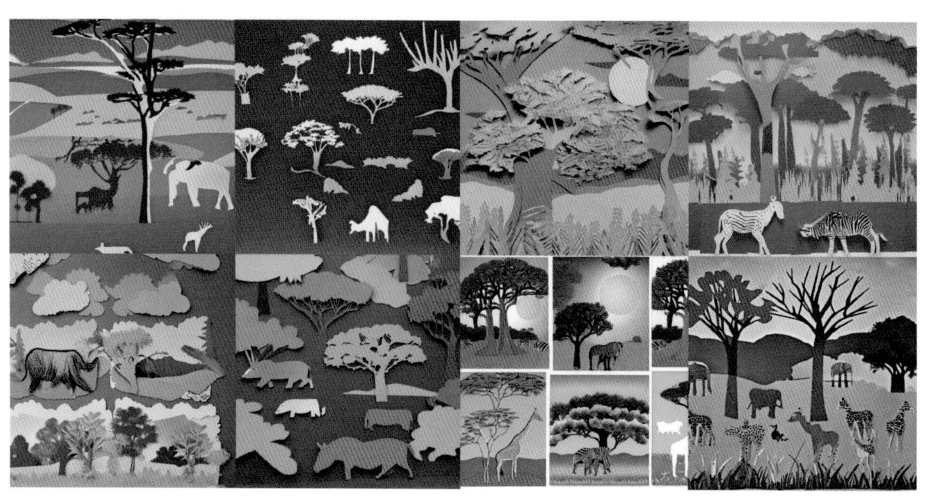

アート投稿サイトの名前を盛り込んだところ、作品の品質が顕著に上がった

4-5

人物の写真を出力する

Stable Diffusionに写真を出力させてみます。非常にリアルな人物写真が生成されますが、これらはすべて実在せず、AIによって人工的に生成された架空の人物です。

〔比嘉康雄〕

レンズ名をプロンプトに盛り込む

いい写真を出力させるために、一眼レフカメラの交換用レンズのことを少し学びましょう。レンズ名を具体的に指定することで、そのレンズで撮影された写真を生成できます。

撮影に使ったレンズを公開している写真は高品質であることが多く、Stable Diffusionの学習データはそのような写真をレンズ名の情報とともに学習しています。そのため、レンズの名前をプロンプトに含めると生成する写真の品質が上がりやすくなります。

交換用レンズの名前は一般に「メーカー名やレンズ名　焦点距離　最小のF値」で表記されます。たとえば「SIGMA 50mm F1.4」といった具合です。これはSIGMAというレンズメーカーが実際に販売している高級レンズで、そのまま`SIGMA 50mm F1.4`というプロンプトにするのです。メーカー名をいろいろ試した中で、SIGMAのレンズが出力結果が安定していましたが、お気に入りのレンズがあれば置き換えてください。

50ミリという焦点距離は人の目に近いとされ、人物の撮影によく使われるレンズです。35ミリや85ミリといったレンズもあり、プロンプトに入れて試してみました。その結果、人物写真には50ミリが適切と感じました。

遠くのものを大きく撮影したいときは105ミリ、135ミリやそれ以上の焦点距離を持つ望遠レンズを使います。一方、雄大な風景などを広範囲に撮影したいときは24ミリや35ミリといった広角レンズを使います。

F値はカメラに光をどのくらい入れるかを決める「絞り値」です。F値が小さいほどピントが合う範囲（被写界深度）が狭くなり、ピントが合っている被写体の前景や背景は大きくボケます。レンズによって最小のF値は異なり、F1.4まで下げられるのは高級な部類です。

Stable Diffusionの公式モデルでは、プロンプトで指定して変化が現れるのはレンズの名前までのようです。被写界深度が広い写真を生成するために、`F11`などのようにプロンプトを指定してもそのような画像はほとんど生成されません。

女性の写真を生成する

それでは女性の写真を出力してみましょう。最初はbeautiful girl｜美しい女性というプロンプトです。

人物イラストを出力する際は、detailed｜きめ細かい 体のパーツのプロンプトを使っていましたが、写真の場合、個別に体のパーツを指定するのはよい結果にならないことが多いようです。beautiful face｜美貌 beautiful hair｜美しい髪くらいでよいでしょう。

そこへ先ほどのSIGMA 50mm F1.4を追加します。レンズを指定することで、photo of｜〜の写真のようなプロンプトを入れなくても写真が出力されます。

さらに画像全体の品質を上げるために、アート作品の投稿サイトであるartstation｜アートステーションとdeviantart｜デヴィアントアートを指定します。

また顔写真を含む画像を生成するので、「顔修復」（→108ページ）をオンにしました。

beautiful girl｜美しい女性 beautiful face｜美貌 beautiful hair｜美しい髪 SIGMA 50mm F1.4 artstation｜アートステーション deviantart｜デヴィアントアート

左上から Seed: 1 〜 8、Steps: 50、Sampler: DPM2、CFG scale: 7.5（この節は以下同じ）

日暮れや夜明けにたたずむ女性の写真

プロンプトで時間帯を指定すると、その時間帯固有の個性が画像に加わります。おすすめの時間帯は、朝や夕方の太陽光であたりがオレンジ色に染まる golden hour｜日暮れ／夜明け です。

golden hour｜日暮れ／夜明け と組み合わせて使ってほしいプロンプトが overhead sunlight｜頭上の日光 です。太陽の光が髪に反射してキラキラ光る効果があります。

beautiful girl beautiful face beautiful hair SIGMA 50mm F1.4 artstation deviantart golden hour｜日暮れ／夜明け overhead sunlight｜頭上の日光

オレンジ色の太陽の光に包まれた写真が生成された

夜の街

night town｜夜の街 も人物写真のおすすめプロンプトです。人物の背景に街の光が美しく光ります。golden hour｜日暮れ／夜明け overhead sunlight｜頭上の日光 を night town｜夜の街 に入れ替えてみましょう。

beautiful girl beautiful face beautiful hair SIGMA 50mm F1.4 artstation

deviantart night town | 夜の街

夜の街の明かりが女性を照らしている

滝のそばで撮影した写真

写真を撮る場所としておすすめなのが滝です。night town | 夜の街のプロンプトをbeside waterfall | 滝のそばに変更します。

画像内になるべく全身を入れるために、beautiful clothes | 美しい服のプロンプトを加えました。また背景の滝も画像に収めたいので、レンズの焦点距離をやや広角の35ミリにしましょう。プロンプトをSIGMA 50mm F1.4からSIGMA 35mm F1.4に変更しました。

beautiful girl beautiful face beautiful hair beautiful clothes SIGMA 35mm F1.4 artstation deviantart beside waterfall | 滝のそば

引いた構図で滝と女性を一枚の画像に収めている

上から撮る

時間帯や場所を指定する以外に、撮影のアングルを変える方法があります。アングルを少し変えるだけで、いつもと違う雰囲気になります。

shot from above | 上から撮る のプロンプトを使ってみましょう。このプロンプトは効果が弱く、プロンプト全体の末尾に書くと上からのアングルの写真が出にくいようです。プロンプト全体の冒頭に移動した上でプロンプト強調（→89ページ）を使い、効果が強く出るようにしました。

(shot from above:1.9) | 上から撮る　beautiful girl　beautiful face　beautiful hair　beautiful clothes　SIGMA 50mm F1.4　artstation　deviantart

上からの構図は変化をもたらす

「手で描く」の意味が変わりつつある

絵やイラストを描くには、さまざまな手法があります。これまでもっとも大きな分類だったのはおそらく、紙にペンや筆で描くいわゆる「アナログ作画」と、パソコンやタブレットで描く「デジタル作画」でしょう。
これまで「手で描く」はアナログ作画を指していました。デジタル技術を使わず、素手で描くといったニュアンスを含んでいます。
それが変わり始めたのが、本格的な画像生成 AI が登場した2022年夏以降です。アナログ作画かデジタル作画かという分類の上に、さらに大きな分類ができました。すなわち、人間が制作した絵か、AI が生成した絵かという分類です。
ここで興味深いことに、「手で描く」という言葉が別の意味で使われるようになってきました。
人間が自分で描いたものであれば、アナログかデジタルかによらず「手で描いた作品」と呼ばれる傾向が出てきたのです。画像生成 AI という新しい分類ができたことで生じた変化でした。
これを悪いことだと言いたいわけではありません。言葉は新しい概念や製品の登場で意味が変わっていくものです。今回はそれがとても急な変化だと感じたので強く印象に残りました。

4-6

自然の風景を出力する

Stable Diffusionで、森林や高原、火山や極地の海など、地球上にあるさまざまな風景を出力してみましょう。パソコンやスマートフォンの壁紙にできそうな美しい風景の画像を、写真や風景画として得られます。〔比嘉康雄〕

風景写真の基本プロンプト

自然の風景を写真で出力するときの基本的なプロンプトは 描画対象 SIGMA 24mm F1.4 です。

人物写真の生成で指定した交換レンズは焦点距離が50ミリや35ミリでした。風景写真では広い範囲を一枚に収めたいので、24ミリの広角レンズを使います。

風景画の基本プロンプト

自然の風景画は、既存の風景画家の作風を借りて出力することにします。目の前の風景をあるがままに描く写実主義の画家が最適で、中でもおすすめは Gustave Courbet | ギュスターヴ・クールベ です。この節では、クールベを指定するプロンプトを紹介していきます。

風景画を出力するために使用する基本プロンプトは landscape art of | ～の風景画 描画対象 Gustave Courbet | ギュスターヴ・クールベ です。

森の写真と風景画

森の写真を出力するプロンプトとしては、 lush forest | 生い茂った森 がおすすめです。

森の中の写真を出力するには、以下のプロンプトを使います。

lush forest | 生い茂った森 SIGMA 24mm F1.4 artstation | アートステーション deviantart | デヴィアントアート impressive | 印象的な scene | 場面 impressive | 印象的な composition | 構図 impressive | 印象的な lighting | 照明

ネガティブプロンプト： lowres | 低解像度 blurred | 不鮮明な

出力結果の例です。奥行きのある森の画像が出力されました。

パラメータは左上から Seed: 1 ～ 8、Steps: 50、Sampler: DDIM、CFG scale: 7.5（この節は以下同じ）

次は森の風景画を生成しましょう。landscape art of｜～の風景画 という基本プロンプトに lush forest｜生い茂った森 を盛り込み、artstation｜アートステーション 以降は写真と同じプロンプトにします。ネガティブプロンプトも写真と同じです。

landscape art of｜～の風景画 lush forest Gustave Courbet｜ギュスターヴ・クールベ artstation deviantart impressive scene impressive composition impressive lighting

ネガティブプロンプト：lowres blurred

うっそうとした森の雰囲気が描かれている

海の写真とイラスト

森の次は海へ行きます。海の画像を出力するプロンプトは beautiful sea splashes | 美しい波しぶき を使います。先ほど森の写真と風景画を出力した2つのプロンプトにある lush forest | 生い茂った森 を、このプロンプトに入れ替えましょう。

またドラマチックな風景にするために、golden hour | 日暮れ/夜明け も合わせて指定します。

beautiful sea splashes | 美しい波しぶき SIGMA 24mm F1.4 golden hour | 日暮れ/夜明け artstation deviantart impressive scene impressive composition impressive lighting

ネガティブプロンプト：lowres blurred

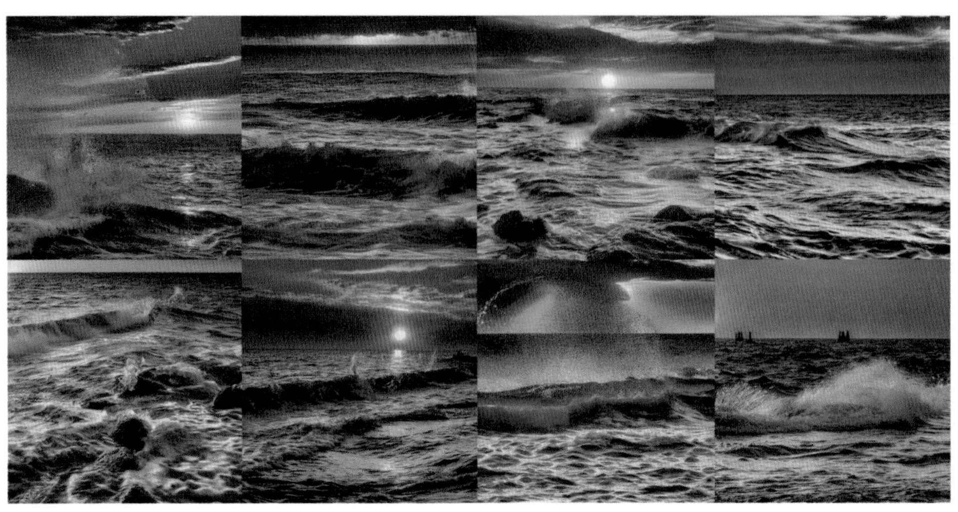

海の写真。水平線近くの太陽がオレンジ色の光を生んでいる

次は海の風景画です。landscape art of | ～の風景画 という基本プロンプトに beautiful sea splashes | 美しい波しぶき を盛り込み、artstation | アートステーション 以降のプロンプトと、ネガティブプロンプトは写真と同じです。

landscape art of | ～の風景画 beautiful sea splashes
Gustave Courbet | ギュスターヴ・クールベ golden hour artstation deviantart
impressive scene impressive composition impressive lighting
ネガティブプロンプト：lowres blurred

海の風景画。荒波を受けた波しぶきの様子

平原の写真と風景画

海の次は平原です。平原の画像を出力するプロンプトは beautiful landscape with｜～の美しい風景 green plains｜緑の平原 にします。海の画像を出力したプロンプトの beautiful sea splashes｜美しい波しぶき をこのプロンプトに入れ替えます。

beautiful landscape with｜～の美しい風景 green plains｜緑の平原 SIGMA 24mm F1.4 artstation deviantart impressive scene impressive composition impressive lighting

ネガティブプロンプト：lowres blurred

ドラマチックな印象の写真や、柔らかい雰囲気の写真が生成された

平原の風景画は以下のプロンプトで出力します。

landscape art of｜～の風景画 beautiful landscape with green plains Gustave Courbet｜ギュスターヴ・クールベ artstation deviantart impressive scene impressive composition impressive lighting

ネガティブプロンプト：lowres blurred

写真と同様に、さまざまな表情の風景画が出力された

火山の写真と風景画

火山が噴火している画像を出力します。beautiful landscape with｜～の美しい風景 green plains｜緑の平原 を volcano eruption｜火山の噴火 に変更して、写真と風景画をそれぞれ出力してみましょう。

volcano eruption｜火山の噴火 SIGMA 24mm F1.4 artstation deviantart impressive scene impressive composition impressive lighting

ネガティブプロンプト：lowres blurred

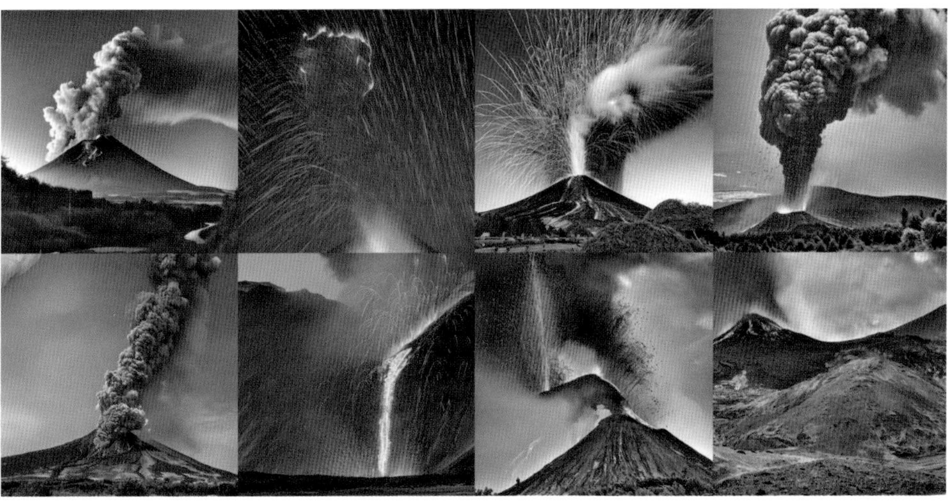

噴火する火山。溶岩が噴煙を明るく照らしている

landscape art of ～の風景画 volcano eruption Gustave Courbet ギュスターヴ・クールベ artstation deviantart impressive scene impressive composition impressive lighting

ネガティブプロンプト：lowres blurred

火山の風景画。写真とシード値が同じため構図が似ているものもあるが、あくまで写真は写真、風景画は風景画として出力されている

南極の写真と風景画

最後に南極へ行ってみましょう。南極の風景を出力するプロンプトは fjord in antarctica｜南極のフィヨルド にします。

フィヨルドは、氷河によって削られた複雑な地形でできた湾や入り江のことです。antarctica｜南極 だけよりも fjord in antarctica｜南極のフィヨルド としたほうが、良い結果が出やすくなると感じました。

fjord in antarctica｜南極のフィヨルド SIGMA 24mm F1.4 artstation deviantart impressive scene impressive composition impressive lighting

ネガティブプロンプト：lowres blurred

氷が浮かぶ南極の風景。寒々とした雰囲気が伝わってくる

landscape art of｜〜の風景画 fjord in antarctica Gustave Courbet｜ギュスターヴ・クールベ artstation deviantart impressive scene impressive composition impressive lighting

ネガティブプロンプト：lowres blurred

風景画に描かれた南極の景色は19世紀の南極探検を思い起こさせる

4-7

都市の風景を出力する

ここでは、さまざまな都市の風景を出力します。イタリアのベニス、東京の夜景、300年前のヨーロッパの街、サイバーパンクな未来都市の写真やイラストを生成してみましょう。 〔比嘉康雄〕

自然の風景の次は、街の風景を出力してみましょう。

街の風景を出力するときのポイントは、何を出力するのかを明確にすることです。city｜街、town｜都市、New York｜ニューヨーク、Tokyo｜東京など、ざっくりした概念だけを指定すると出力結果はAI任せになります。どういう街の画像を生成したいのかを具体的にプロンプトに盛り込みましょう。

ベニスのカナルグランデ

街の風景を生成する上でおすすめしたいプロンプトは、水の都venice｜ベニスです。良い結果が出やすく、使いやすいプロンプトです。

ただ、ベニスだけでは曖昧なので、より具体的な場所を指定したほうがよいでしょう。運河を出力したいならcanal grande｜カナル・グランデがおすすめです。

以下は、写真を出力するときのプロンプトです。

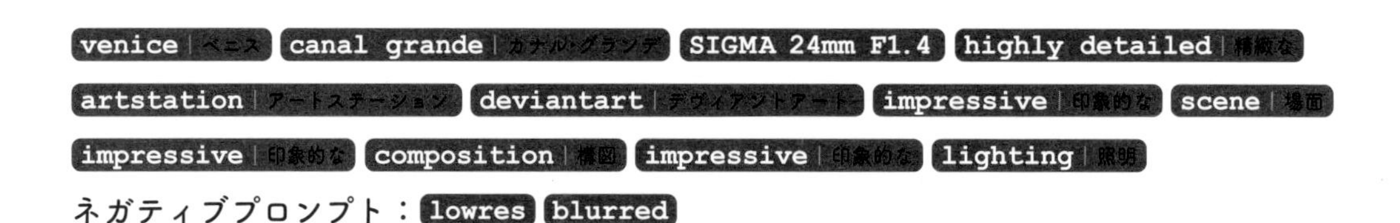

出力結果の例です。運河の街らしい写真が生成されました。

パラメータは左上から Seed: 1 ～ 8、Steps: 50、Sampler: DDIM、CFG scale: 7.5（この節は以下同じ）

イラストを出力するには、concept art of | ～のコンセプトアートのプロンプトを先頭に追加し、SIGMA 24mm F1.4を削除します。

concept art of | ～のコンセプトアート venice canal grande highly detailed artstation deviantart impressive scene impressive composition impressive lighting

ネガティブプロンプト：lowres blurred

イラストで表現されたベニスの街は歴史を感じさせる

東京の夜景

都会の夜景を出力させる上で重要なのは、建物からあふれる灯りが美しく見えることです。

そこでおすすめなのが、illuminated tokyo tower｜ライトアップされた東京タワー shot from above｜上から撮る というプロンプトです。東京タワーを上空から見る構図になるため、都会の建物の美しい灯りを見ることができます。

前項の写真のプロンプトから、venice｜ベニス canal grande｜カナル・グランデ をこれらに置き換えます。

illuminated tokyo tower｜ライトアップされた東京タワー shot from above｜上から撮る SIGMA 24mm F1.4 highly detailed artstation deviantart impressive scene impressive composition impressive lighting
ネガティブプロンプト：lowres blurred

東京タワーのフォルムは実際とやや異なるが、いかにも東京の夜景らしい写真が生成された

イラストで出力するには、プロンプトの先頭に concept art of｜～のコンセプトアート を追加し、SIGMA 24mm F1.4 を削除します。

concept art of｜~のコンセプトアート illuminated tokyo tower shot from above highly detailed artstation deviantart impressive scene impressive composition impressive lighting
ネガティブプロンプト：lowres blurred

イラストの東京タワーは空想の場所に建っているものが多い

昔のヨーロッパの街

次は時代をさかのぼって、300年ほど前のヨーロッパの街を出力してみましょう。年代を指定すると、そのころにありそうな風景を生成してくれます。ここでは 1690s｜1690年代 を指定しました。

風景のプロンプトは european city with tower｜塔のあるヨーロッパの街 としました。塔を指定することで画像にメリハリが出ます。

写真を出力するプロンプトはこのようにしました。前項のプロンプトのうち、shot from above｜上から撮る までを置き換えます。

1690s｜1690年代 european city with tower｜塔のあるヨーロッパの街 SIGMA 24mm F1.4 highly detailed artstation deviantart impressive scene impressive composition impressive lighting
ネガティブプロンプト：lowres blurred

17世紀のヨーロッパの街が写真で出力された

イラストで出力する際には、Gerrit Berckheyde | ヘリット・ベルクヘイデ のプロンプトを使います。ベルクヘイデは都市の風景画で知られた、17世紀後半のオランダの画家です。

SIGMA 24mm F1.4 のプロンプトを Gerrit Berckheyde | ヘリット・ベルクヘイデ に置き換えて出力します。

1690s european city with tower Gerrit Berckheyde | ヘリット・ベルクヘイデ highly detailed artstation deviantart impressive scene impressive composition impressive lighting

ネガティブプロンプト：lowres blurred

昔のヨーロッパの都市らしい風景画が生成された

サイバーパンク風の未来都市

未来都市の画像を出力するプロンプトとして、cyberpunk｜サイバーパンクを選びました。「サイバーパンク」は1980年代に築かれたSFのジャンルです。人間が機械やコンピュータと融合し、関連技術が過剰に発達した社会を描きます。

サイバーパンク作品の舞台には日本がよく選ばれます。そこで、場所を指定するプロンプトにはneo tokyo｜ネオ東京を指定します。ネオ東京は『AKIRA』（大友克洋）をはじめ多くのSF作品で使われた都市名です。前後にilluminated｜イルミネーションのとneon sign｜ネオンサインを加えるとさらに雰囲気が出ます。

映画『ブレードランナー』のイメージで、空を飛ぶ車を入れましょう。プロンプトにflying aircar｜飛ぶエアカーを追加しました。

ネガティブプロンプトにはground｜地面とroad｜道路を追加し、エアカーがなるべく空中にいるようにしました。

cyberpunk｜サイバーパンク illustration of｜～のイラスト flying aircar｜飛ぶエアカー illuminated｜イルミネーションの neo tokyo｜ネオ東京 neon sign｜ネオンサイン highly detailed artstation deviantart impressive scene impressive composition impressive lighting

ネガティブプロンプト：ground｜地面 road｜道路 lowres blurred

サイバーパンク風の未来の東京をエアカーが飛び回る

4-8

建築物の画像を出力する

いろいろな建築物の画像を出力してみましょう。林の中の小屋から宇宙ステーションまで、Stable Diffusionは、写真や絵で表現されたことのある建築物であれば、ほとんどの画像を生成できます。

〔比嘉康雄〕

林の中に建つ小屋

建物はそれだけをプロンプトで指定すると単調になってしまうので、魅力的な画像にするためにいくつかの要素を追加します。

比較的小さめな建物として cabin｜小屋 を出力してみましょう。surrounded by trees｜木に囲まれた のプロンプトで小屋を林の中に置くと雰囲気が出ます。

光の効果を出すために、blue hour｜日没後 に golden light｜金色の光 が出ているシチュエーションを選んでみました。

以下は、写真を出力するときのプロンプトです。

cabin｜小屋 surrounded by trees｜木に囲まれた blue hour｜日没後 golden light｜金色の光 SIGMA 24mm F1.4 highly detailed｜精緻な artstation｜アートステーション deviantart｜デヴィアントアート impressive｜印象的な scene｜場面 impressive｜印象的な composition｜構図 impressive｜印象的な lighting｜照明

ネガティブプロンプト：lowres｜低解像度 blurred｜不鮮明な

出力結果の例です。日が暮れる間際の林に建つ小屋の写真が生成されました。

パラメータは左上から Seed: 1 ～ 8、Steps: 50、Sampler: DDIM、CFG scale: 7.5（この節は以下同じ）

イラストは趣向を変えて、少しファンタジー風の小屋にしてみましょう。steampunk｜スチームパンクのプロンプトを使います。

「スチームパンク」はサイバーパンクから派生した概念で、蒸気機関の技術が高度に発達した世界が描かれます。19世紀後半の産業革命のころのイメージが用いられ、はい回るダクトや歯車、アナログの丸いメーター、レンズなどを用いたデザインが多く使われるのです。

また treetop｜枝の先 を指定して、ツリーハウスのようにしてみましょう。

プロンプトは SIGMA 24mm F1.4 を省略して、次のようになります。

steampunk｜スチームパンク illustration of｜～のイラスト treetop｜枝の先 cabin surrounded by trees blue hour golden light highly detailed artstation deviantart impressive scene impressive composition impressive lighting

ネガティブプロンプト：lowres blurred

木の枝に載るほど小さくはないが、地面から浮いた小屋になった

森の中の豪邸

今度は、比較的大きめの建物として beautiful mansion｜美しい豪邸 を出力してみましょう。in the woods｜森の中 の beside waterfall｜滝のそば というシチュエーションを選んでみました。

mansion｜豪邸 は弱いプロンプトで、森の中の滝だけが生成されることが多いためプロンプト強調（→89ページ）を用いました。

以下は、写真を出力するときのプロンプトです。

beautiful (mansion:1.7)｜美しい豪邸 in the woods｜森の中 beside waterfall｜滝のそば SIGMA 24mm F1.4 highly detailed artstation deviantart impressive scene impressive composition impressive lighting

ネガティブプロンプト：lowres blurred

滝を従えて森の中に建つ豪邸の写真

イラストを出力する場合、豪邸が木に囲まれすぎて暗くなってしまうことが多かったので、bright sunlight｜明るい日差し を追加しました。

SIGMA 24mm F1.4 を省略して、プロンプトは次のようになりました。

concept art of｜～のコンセプトアート beautiful (mansion:1.7) in the woods beside waterfall bright sunlight｜明るい日差し highly detailed artstation deviantart impressive scene impressive composition impressive lighting

ネガティブプロンプト：lowres blurred

日光を浴びて滝とともに輝く豪邸

山の上の城

大きめの建物として、西洋の城を出力してみましょう。

城は英語で「castle」ですが、フランス語の château（シャトー）のほうが立派な城になりやすいようです。「â」を「a」で表記した chateau｜城 のプロンプトでも Stable Diffusion は城と理解してくれます。

山の上に立つ立派な城を想定して、on mountain｜山 というプロンプトにしました。

beautiful big chateau｜美しく大きい城 on mountain｜山 SIGMA 24mm F1.4 highly detailed artstation deviantart impressive scene impressive composition impressive lighting

ネガティブプロンプト：lowres blurred

山の上に建つ大きな城の写真

イラストを出力するには concept art of｜～のコンセプトアート のプロンプトを先頭に追加し、SIGMA 24mm F1.4 を省略します。

concept art of｜～のコンセプトアート beautiful big chateau on mountain highly detailed artstation deviantart impressive scene impressive composition impressive lighting

ネガティブプロンプト：lowres blurred

イラストでも迫力のある城の画像が生成された

ニューヨークの高層ビル

skyscrapers｜高層ビル を出力してみましょう。

in the streets of new york city｜ニューヨークの町並みの中 を指定します。

これだけだと退屈な画像になってしまうので、blue hour｜日没後 で rose pink lighting｜ローズピンクの光 が出力されるという設定を追加します。

写真を出力するときのプロンプトは以下のようになります。

skyscrapers｜高層ビル in the streets of new york city｜ニューヨークの町並みの中 blue hour｜日没後 rose pink lighting｜ローズピンクの光 SIGMA 24mm F1.4 highly detailed artstation deviantart impressive scene impressive composition impressive lighting

ネガティブプロンプト：lowres blurred

夕闇が迫るニューヨークの街に、ピンク色に染まった高層ビルがそびえている

上のプロンプトをイラストにするために、先頭に concept art of｜～のコンセプトアート を追加して SIGMA 24mm F1.4 を省略するだけでは代わり映えしないため、ネオンサインを追加します。rose pink lighting｜ローズピンクの光 を neon lighting｜ネオンの光 に変更しました。

イラストを出力するときのプロンプトは以下のようになります。

concept art of｜～のコンセプトアート skyscrapers in the streets of new york city blue hour neon lighting｜ネオンの光 highly detailed artstation deviantart impressive scene impressive composition impressive lighting

ネガティブプロンプト：lowres blurred

ネオンが輝くニューヨークの街のイラスト

サイバーパンクの演出を加えれば、さらに派手なイラストにできます。concept art of ｜〜のコンセプトアート を cyberpunk art of ｜〜のサイバーパンクなアート にしました。

concept art of ｜〜のコンセプトアート skyscrapers in the streets of new york city blue hour neon lighting highly detailed artstation deviantart impressive scene impressive composition impressive lighting

ネガティブプロンプト：lowres blurred

サイバーパンク風の街になったニューヨーク

宇宙ステーション

最後に宇宙ステーションを出力してみましょう。space station｜宇宙ステーションのプロンプトをexterior of｜～の外観とともに指定します。そこにearth in background｜背景に地球のプロンプトを加えます。

exterior of｜～の外観 space station｜宇宙ステーション earth in background｜背景に地球 SIGMA 24mm F1.4 highly detailed artstation deviantart impressive scene impressive composition impressive lighting
ネガティブプロンプト：lowres blurred

宇宙ステーションのリアルな写真。一部は宇宙ステーション内部からの画像になった

イラストで宇宙ステーションを出力する際には、プロンプトの先頭にconcept art of｜～のコンセプトアートを追加して、SIGMA 24mm F1.4を削除します。

concept art of｜～のコンセプトアート exterior of space station earth in background highly detailed artstation deviantart impressive scene impressive composition impressive lighting
ネガティブプロンプト：lowres blurred

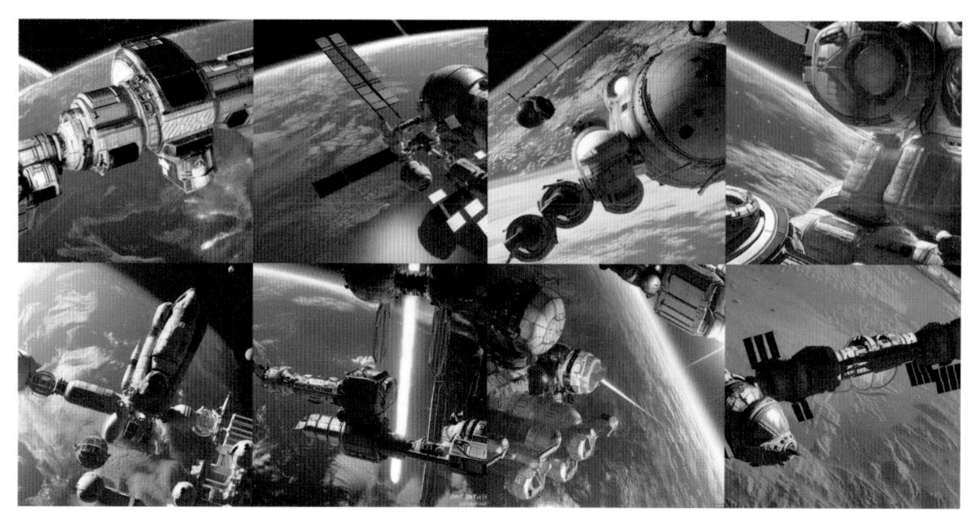

宇宙ステーションのイラスト。よりSFらしい外観になった

宇宙ステーションのイラストもサイバーパンク風にしてみましょう。concept art of｜～のコンセプトアートをcyberpunk art of｜～のサイバーパンクのアートに置き換えます。

cyberpunk art of｜～のサイバーパンクのアート exterior of space station earth in background highly detailed artstation deviantart impressive scene impressive composition impressive lighting

ネガティブプロンプト：lowres blurred

サイバーパンク風の宇宙ステーションは、さらに遠い未来を描いているように見える

4-9

ファンタジー世界の画像を出力する

実際には存在しない、ファンタジーの世界のイラストを出力してみましょう。魔法やモンスター、天空の城、ドラゴンや宝箱などの画像を生成します。　〔比嘉康雄〕

雷の魔法を使う魔法使い

ファンタジーの世界を描くのに欠かせないのが魔法です。witch｜魔女が colorful lightning magic spell｜カラフルな雷の魔法を使う場面を出力しましょう。魔法に vfx｜視覚効果のプロンプトを追加すると、視覚効果がより派手になります。

また、diagonal spell vfx｜斜めの視覚効果の呪文を加えると稲妻が斜めになりやすく、雷の魔法らしさが増します。

これまで impressive scene｜印象的な場面 impressive composition｜印象的な構図 impressive lighting｜印象的な照明としてきたプロンプトは、ここでは fantasy scene｜ファンタジーの場面 fantasy composition｜ファンタジーの構図 fantasy lighting｜ファンタジーの照明にします。

illustration of｜〜のイラスト witch｜魔女
colorful lightning magic spell｜カラフルな雷の魔法 vfx｜視覚効果
diagonal spell vfx｜斜めの視覚効果の呪文 highly detailed｜精緻な
artstation｜アートステーション deviantart｜デヴィアントアート fantasy scene｜ファンタジーの場面
fantasy composition｜ファンタジーの構図 fantasy lighting｜ファンタジーの照明
ネガティブプロンプト：lowres｜低解像度 blurred｜不鮮明な

以下は、出力結果の例です。雷の魔法が縦横に流れ、あたりを照らしている場面が生成されました。

パラメータは左上から Seed: 1 ～ 8、Steps: 50、Sampler: DDIM、CFG scale: 7.5（この節は以下同じ）

剣士とゴブリンの戦い

次は swordsman｜剣士 とモンスターが戦う場面を生成します。ここでは ugly goblins｜醜いゴブリンたち にします。

ゴブリンは緑の肌で描かれることが多いので green skin｜緑の肌 も追加しましょう。場面は in forest｜森の中 としました。

プロンプトは以下のようになりました。

illustration of swordsman｜剣士 and｜～と ugly goblins｜醜いゴブリンたち green skin｜緑の肌 fighting｜戦う in forest｜森の中 highly detailed artstation deviantart fantasy scene fantasy composition fantasy lighting

ネガティブプロンプト：lowres blurred

剣士とゴブリンたちが剣で切り結ぶ、迫力のある場面が出力された

金色のドラゴン

今度は、ドラゴンを出力してみましょう。golden dragon 金色のドラゴン にして特別感を出します。

ドラゴンは、洞窟の中で寝ているか、空を飛んでいるイメージがありますが、あまり見たことのないシチュエーションとして、in forest 森の中 で sleeping 寝ている ドラゴンにしてみました。

illustration of golden dragon 金色のドラゴン sleeping 寝ている in forest highly detailed artstation deviantart fantasy scene fantasy composition fantasy lighting

ネガティブプロンプト：lowres blurred

黄金の体を持つドラゴンが横たわっている

天空に浮かぶ城

天空に浮かぶ城を出力しましょう。

これは難易度が高いです。城は普通、宙に浮かないからです。castle in the sky｜天空の城のようなプロンプトでは、プロンプト強調を使っても城はなかなか浮かんでくれません。

これを解決するプロンプトがcastle cloud hybrid｜城と雲の混合です。雲は空に浮くので、城に雲を混ぜると浮いてくれます。

さらにネガティブプロンプトにrocky mountain｜岩山とgreen｜緑を追加することで、城が建っている土台部分が出ないようにします。

城にはsteampunk｜スチームパンクのプロンプトを使い、工業文明が始まったころの雰囲気を出しました。そして浮いた城はin the sky｜空中に配置します。

steampunk｜スチームパンク illustration of castle cloud hybrid｜城と雲の混合 in the sky｜空中 highly detailed artstation deviantart fantasy scene fantasy composition fantasy lighting

ネガティブプロンプト：rocky mountain｜岩山 green｜緑 lowres blurred

スチームパンク調のデザインの城が空中に浮いている

海に沈んだ宝箱

今度は、treasure chest｜宝箱を出力してみましょう。スチームパンク風のデザインになるよう、steampunk｜スチームパンクはそのままにします。

海に沈んでいるシチュエーションにするために、under the sea｜海の下のプロンプトを指定します。また、海の底は暗いので、宝箱がよく見えるようにglowing｜輝いているを追加します。

swimming fishes｜泳いでいる魚を追加して、宝箱の周りに魚を泳がせましょう。

ネガティブプロンプトはlowres｜低解像度 blurred｜不鮮明なだけにしました。

steampunk illustration of glowing｜輝いている treasure chest｜宝箱 under the sea｜海の下 swimming fishes｜泳いでいる魚 highly detailed artstation deviantart fantasy scene fantasy composition fantasy lighting

ネガティブプロンプト：lowres blurred

光り輝く宝箱が、海の底で見つけられるのを待っている

古代ギリシャ風の神殿

今度は、greek temple | 古代ギリシャ風の神殿 を出力してみましょう。

steampunk | スチームパンク のプロンプトは削除し、beside lake | 湖のそば で partially submerged | 部分的に水没している というシチュエーションにしてみました。

illustration of partially submerged | 部分的に水没している
greek temple | 古代ギリシャ風の神殿 beside lake | 湖のそば highly detailed artstation
deviantart fantasy scene fantasy composition fantasy lighting
ネガティブプロンプト：lowres blurred

湖のほとりにたたずむ古代ギリシャ風の神殿

4-10 商品の画像を出力する

ここでは見栄えのよい写真やイラストを生成するためのプロンプトではなく、商品のデザインの検討に Stable Diffusion を利用することを想定したプロンプトを紹介します。

袋入りスナックのパッケージ

Stable Diffusion に product photo | 製品写真 というプロンプトを入力すると、商品を撮影した画像が生成されます。bagged snack | 袋入りスナック package | パッケージ でどのような画像かを指定し、artstation | アートステーション deviantart | デヴィアントアート で画像の品質を上げます。

ネガティブプロンプトには lowres | 低解像度 blurred | 不鮮明な を指定しました。

product photo | 製品写真 bagged snack | 袋入りスナック package | パッケージ
artstation | アートステーション deviantart | デヴィアントアート
ネガティブプロンプト：lowres | 低解像度 blurred | 不鮮明な

いろいろなスナックのパッケージ画像。パラメータは左上から Seed: 1 ～ 8、Steps: 50、Sampler: DDIM、CFG scale: 7.5（この節は以下同じ）

Stable Diffusion の公式学習モデルは、おもに欧米で撮影された写真を学習しています。そのため生成される画像も欧米的なものになります。

缶のオレンジジュース

今度は、ジュース缶のデザインを出力しましょう。単に orange juice | オレンジジュース can | 缶 と入力すると、しばしば缶のふた側の画像が生成されます。そのため、label design of | ～のラベルデザイン を追加することにしました。

product photo label design of | ～のラベルデザイン orange juice | オレンジジュース can | 缶 artstation deviantart
ネガティブプロンプト：lowres blurred

オレンジジュースの缶

orange juice | オレンジジュース を apple juice | リンゴジュース にすると以下のような画像が生成されます。

product photo label design of apple juice | リンゴジュース can artstation deviantart
ネガティブプロンプト：lowres blurred

リンゴジュースの缶。欧米では青リンゴも多いのか、赤だけでなく緑色のデザインも生成される

化粧品のボトル

`advertising photo of` ～の広告写真 は宣伝用写真を生成するプロンプトです。ここでは、`cosmetic bottle and` 化粧品の瓶と `its package` そのパッケージ で画像のテーマを指定しました。商品の箱は生成が難しいので、プロンプトを強調（→89ページ）しています。一方、箱が必要なくても `its package` そのパッケージ があったほうが、画像ににぎやかさが確保されると感じました。

`burgundy tone` バーガンディの色調 では、ワインレッドに近い色を指定しています。そして背景に花を配置するため、`flower` 花 `in background` 背景に を加えました。

`advertising photo of` ～の広告写真 `cosmetic bottle and` 化粧品の瓶と
`(its package:1.8)` そのパッケージ `burgundy tone` バーガンディの色調 `flower` 花
`in background` 背景に `artstation` `deviantart`
ネガティブプロンプト：`lowres` `blurred`

落ち着いた印象の化粧品の瓶と箱

近未来的なフォルムのスニーカー

奇抜なフォルムのスニーカーを出力してみましょう。organic shape｜有機的な形状のプロンプトとshoelace｜靴紐のネガティブプロンプトで、一般的なスニーカーからかけ離れたデザインを目指します。

使う色はblack and lime green｜黒とライムグリーンにしました。さらにoctane render｜オクターンレンダーを追加して3DCG風に仕上げます。

detailed｜きめ細かい sneakers｜スニーカー organic shape｜有機的な形状 black and lime green｜黒とライムグリーン artstation deviantart octane render｜オクターンレンダー

ネガティブプロンプト：shoelace｜靴紐 monochrome｜白黒 lowres blurred

ビビッドな色で近未来的なフォルムのスニーカー

第5章 AI生成画像の権利と未来

5-1

弁護士が解説する画像生成AIと著作権

AIによって生成された画像には著作権があるのでしょうか。また画像生成AIに学習させるため、ネット上の画像を収集することは法的に認められているのでしょうか。弁護士が解説します。

〔五十嵐良平…日本橋川法律事務所 弁護士、第一東京弁護士会所属〕

はじめに

画像生成AIが次々と発表され、大きな話題を呼んでいます。この技術が世の中に与えるインパクトや今後の発展については、いろいろなところで議論されたり、解説されたりしています。ここでは一歩踏み込んで、生成された画像の著作権について考えてみましょう。

AIと著作権の関係は、①AIを作る段階（学習段階）と②AIを利用する段階（利用段階）の2つに分けて考えるとわかりやすいでしょう。

本稿で解説する「他人の著作物である画像をAIに学習させることの是非」は①学習段階について、「画像生成により他人の著作権を侵害するか」「生成した画像の著作権」は②利用段階についての議論になります。

また最後に著作権の話からは外れますが、実在する人物の名前をAIへの指示に使って、その人物そっくりの写真が生成されるようなケースでの肖像権の問題についても簡単に触れておきます。

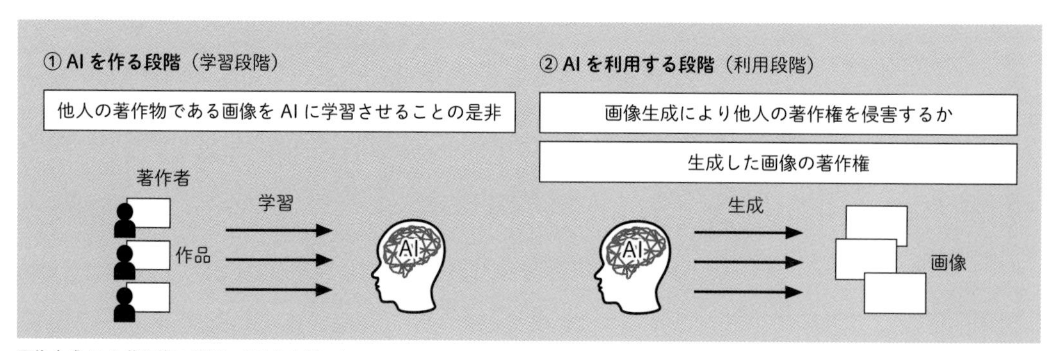

画像生成AIと著作権の関係におけるトピック

他人の著作物である画像をAIに学習させることの是非

(1) 原則として「情報解析」のために使用する場合は許される

学習段階では、大量の画像から学習用データセットを用意し、機械学習を行うことになります。これらの画像の中には、もちろん他人の著作物が含まれることも考えられるでしょう。このような場合、著作権者に無断で著作物を使って学習を行わせることは、著作権を侵害することになるのでしょうか。

この問題の答えは、著作権法第30条の4第2号の規定になります。ここでは、次のように定められています。

第30条の4（著作物に表現された思想又は感情の享受を目的としない利用）

著作物は、次に掲げる場合その他の当該著作物に表現された思想又は感情を自ら享受し又は他人に享受させることを目的としない場合には、その必要と認められる限度において、いずれの方法によるかを問わず、利用することができる。ただし、当該著作物の種類及び用途並びに当該利用の態様に照らし著作権者の利益を不当に害することとなる場合は、この限りでない。

二　情報解析（多数の著作物その他の大量の情報から、当該情報を構成する言語、音、影像その他の要素に係る情報を抽出し、比較、分類その他の解析を行うことをいう。第四十七条の五第一項第二号において同じ。）の用に供する場合

先端技術については「法律が技術に追いついていない」といわれることもありますが、AIの学習に著作物を利用することについては、すでに一定の立法的な解決がされているわけです。

ここでの「情報解析」とは、《大量の情報の傾向や性質といった何らかの特徴などを明らかにするために当該情報から要素を抽出し、比較、分類するなどの方法によって調べること》となっています。具体的には、著名な画家の画風をまねるAIを開発するために、その画家の作品を機械学習する行為や、猫の画像を認識するためにAIに大量の猫の画像を深層学習（ディープラーニング）させ、共通する特徴を抽出して、特徴量を把握する行為などが該当します●。

●松田政行編「著作権法コンメンタール別冊 平成30年・令和2年改正解説」(2022年)14頁以下。

つまり、画像生成AIを作るために、AIに大量の画像を学習させることは、「情報解析」での使用ということで、原則として著作権の侵害にはなりません。

(2) 例外的に「著作権者の利益を不当に害することとなる場合」とは

上記のとおり、情報解析のために他人の著作物を利用しても原則として著作権の侵害にはなりません。ただし、著作権法第30条の4には例外が定められています。それは「当該著作物の種類及び用途並びに当該利用の態様に照らし著作権者の利益を不当に害することとなる場合は、この限りでない」という部分です。

この「著作権者の利益を不当に害することとなる場合」とはどのような場合でしょうか。

これに該当しそうなものといえば、例えば特定の作者の画像だけを学習させることで作風を表現できるAIを作るといったことが考えられます。

もっとも「作風」自体の類似は、AIが生成した画像かどうかにかかわらず、著作権侵害とは考えられていません。そのため、作風を模倣するAIが作られたとしても、筆者としてはただちに「著作権者の利益を不当に害する」とは言い難いように思います。

(3) 権利者が「自分の絵を学習に使わないでほしい」と希望したらどうなる?

では画像の著作権者が、自分の絵はAIの学習に使わないでほしいと表明していた場合はどうなるでしょうか。

画像生成AIが大きく話題になったことで、イラストレーターの方々が「私がネットに公開しているイラストのAI学習は一切禁止とします」と表明するケースも出てきました。しかし法的には、著作権者が表明すれば学習への利用が禁止されるというものではありません。このような表明は「お願い」以上の意味はないと考えられます。これは上記のとおり、著作権法第30条の4第2号の規定が「情報解析」のための使用を許しているからです。

もっとも、当事者間(この場合では、AIの開発者とイラストレーターとの間)で契約が結ばれるなら、AI学習へのイラストの利用は制限できるでしょう(一方、個別の事情によってはこのような合意が無効となるという見解もあります●●)。

●●株式会社エヌ・ティ・ティ・データ経営研究所「令和3年度産業経済研究委託事業（海外におけるデザイン・ブランド保護等新たな知財制度上の課題に関する実態調査）」（令和4年2月）41頁で、「個別の事情における諸般の事情を考慮する必要があるものの、AI学習等のための著作物の利用行為を制限するオーバーライド条項は、その範囲において、公序良俗に反し、無効とされる可能性が相当程度あると考えられる。」と述べられています。

しかし、権利者が一方的に「禁止」を表明するだけでは合意があったとはいえません。利用を禁止するには、少なくとも、相手方の明示的な合意が必要になると考えられます。

このような合意を取り付ける仕組みとしては、例えばログイン後にイラストが閲覧できるサイトで、会員登録の際に「学習禁止」を盛り込んだ利用規約を表示し、同意のチェックボックスにチェックを入れさせる方法が考えられます。しかし、実際にここまで行うのはあまり現実的ではないように思います。

また、実際にAI学習のための画像を集める際には、手作業で画像を閲覧・ダウンロードしていくわけではありません。ほとんどの場合プログラムを作って、スクレイピング（データの自動収集）するでしょう。そうするとAIの開発者が、利用規約には合意していないし、プログラムが勝手に集めてきてしまった、と主張することも考えられます。それに対抗するには、ログイン後のページがスクレイピングされないよう技術的な対策が必要になるでしょう。

このように、自分のイラストをAI学習に使われないようにするのは、イラストをインターネット上で公開する以上、あまり現実的ではなく、なかなか難しいことといえます。

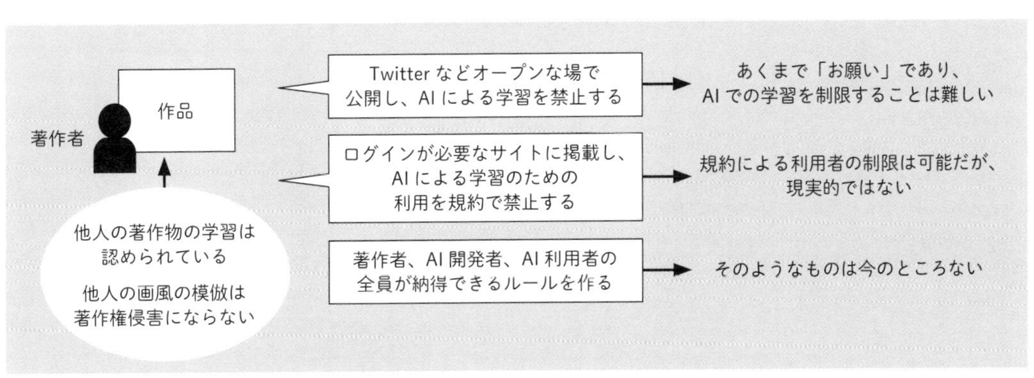

ネットに公開した画像をAIが学習することを制限できるか

画像生成により他人の著作権を侵害するか

(1) 他人の著作物で作った学習データを使った画像生成は著作権を侵害しないのか

ここまで、他人の著作物を利用してAI学習を行うことが、著作権の侵害にはならないことを説明してきました。

では、そのようなAIを使って画像を生成した場合、著作権侵害にならないのでしょうか。ここからは、利用段階での話になります。

著作権には数多くの種類があり、著作権侵害にもさまざまなケースがあります。ここでは、AIによって著作物と「似ている画像」が生成されたとして、生成された画像が複製権または翻案権の侵害となる場合について見ていきます。

複製権または翻案権の侵害があるというためには、次の2つの条件が必要です。

①生成された画像が、既存の著作物と同一である（複製権侵害のケース）か、または類似している（翻案権侵害のケース）
②生成された画像が、既存の著作物に依拠している

ここで注意が必要なのは、「類似している」という言葉の意味です。ここでの「類似している」とは、単に似ていることではありません。著作権侵害が成立するために必要な「類似」とは、「表現上の本質的な特徴の同一性を維持」していて、「これに接する者が既存の著作物の表現上の本質的な特徴を直接感得することのできる」もの●とされており、単に作風が似ているだけでは「類似」にならないと考えられています。

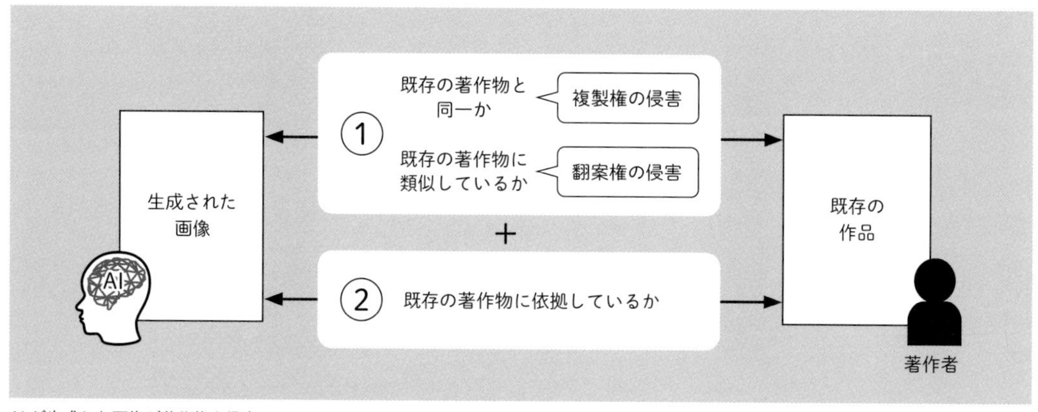

AIが生成した画像が著作権を侵害しているかを判断する条件

●最判平成13年6月28日民集55巻4号837頁。

これは、作風を保護してしまうと、ほかの人が同様の作風で作品を発表できなくなる恐れがあり、そのことによって表現の発展を止めてしまう可能性があるためです。著作権法は、作風自体を保護することよりも、ほかの人がその作風を利用して新しい表現を創作できる（その作風に触発されて多くのイラストを生み出せる）ことのほうが、文化の発展に役立つと判断しているともいえます。

そのため、単に作風が似ている画像を生成したとしても、著作権侵害にはなりません。海外の事例ですが、例えば、ポーランド出身のデジタル・アーティスト、グレッグ・ルトコフスキ氏は、自分の名前をプロンプトに使用して、AIが自分の画風に近い画像を生成することに不快感を示しています●●。このような感情は理解はできます。しかし、少なくとも日本の著作権法についていえば、作風自体は著作権で保護されないため、作風が似ているからといって、ただちにクリエイターの著作権を侵害することにはなりません。

●●Melissa Heikkilä「『AIに埋め尽くされる』画像生成AIブームの影で苦悩するアーティスト」（2022年9月28日）
（https://www.technologyreview.jp/s/286267/this-artist-is-dominating-ai-generated-art-and-hes-not-happy-about-it/）

なお、どのようなものが「表現上の本質的な特徴を直接感得することのできる」ものなのか、それとも単に作風が似ているだけなのかについて、明確な線引きがあるわけではありません。この点は、具体的な事情に応じてケース・バイ・ケースで判断され、争いになることも多いポイントです。

他方、「表現上の本質的な特徴を直接感得することのできる」レベルで既存の著作物に類似する画像を生成し、生成にあたって既存の著作物に依拠しているとされるときには、著作権侵害に該当することになります。

どのような場合が既存の著作物に依拠しているとされるかも、難しいポイントです。例えば、AI利用者が既存の著作物を知っていて、その著作物に類似する画像を生成することを狙ってAIを使用して画像を生成した場合は、それに依拠しているといえます。他方で、

AI利用者には既存の著作物に類似する画像を生成するつもりはなく、学習データに既存の著作物のデータやそこから得られたパラメータが含まれていたために、たまたま類似画像が生成されたような場合、依拠しているといえるか（著作権侵害になるか）については、現時点でははっきりしないように思われます。

（2）AI生成画像が著作権侵害にあたる場合はどうなる？

先ほどの条件①②が成立する場合、AIが生成した画像は、著作権を侵害していることになります。この場合、民事上の責任には、主に著作権侵害行為の差止め、および損害賠償があります。AI生成画像に著作権侵害が認められた場合は、これらのいずれか、または両方について責任が発生する可能性があります。

まず、著作権侵害行為の差し止めは、無過失責任と考えられており、故意か過失かは問われません。そのため、以下の2つのケースのいずれでも、既存の著作物に「依拠している」と判断されると、生成画像の使用は差し止められることになります。

①AI利用者が既存の著作物を知っていて、その既存の著作物に類似する画像を生成することを狙ってAIを使用して画像を生成した場合
②AI利用者には既存の著作物に類似する画像を生成するつもりはなく、学習データに既存の著作物のデータやそこから得られたパラメータが含まれていたために、たまたま類似画像が生成されたような場合

次に、損害賠償責任は、故意または過失があったことが認められる必要があります。そのため、上記①では損害賠償責任が認められますが、②の場合は、故意または過失が認められないため、損害賠償責任はないと判断されると考えられます。

（3）画像生成のための指示に他人の著作物を利用できるか？

ここまでは、AI学習に他人の著作物を利用した場合に、学習段階および利用段階で問題になりそうな点を見てきました。

このほかに、img2imgの方法でAIを利用する場合には、画像生成の指示に、他人の著作物を利用することも想定されます。このように、画像生成の指示に他人の著作物を利用することは、著作権を侵害することになるのでしょうか。

指示に画像を使用するのは、学習に使用する場合とは異なり、「大量の情報の傾向や性質といった何らかの特徴などを明らかにするために、当該情報から要素を抽出し、比較、分類するなどの方法によって調べる」ものではないと考えられます。そのため、著作権

法第30条の4第2号の「情報解析」あたると言うことは難しいようにも思われます。また、指示に画像を使うのはその画像に一定程度似ている画像の出力が目的だと思われるため、「その他の当該著作物に表現された思想又は感情を自ら享受し又は他人に享受させることを目的としない場合」（著作権法第30条の4柱書）にあたるとは、ただちに判断できないでしょう。

そうすると端的に、指示のための画像使用が著作権侵害行為にあたるかが問題になりそうです。AIが稼働するサーバに指示のために画像を読み込ませることは、「複製」になる可能性があるため、この点を検討してみたいと思います。

ここでの「複製」とは、著作物を有形的に再製する行為のことで、サーバに記録することも含まれていると考えられています。もっとも、「有形的に再製」したといえるには、記録されている状態がある程度永続的でなければならないので、キャッシュなどへの一時的な保存は含まないという考え方もあります。

一時的保存では足りないとすると、AIへの指示に使用した画像が、サーバにどの程度保存されているのかによって結論が変わるように思われます。しかし、この点は外部からはわかりづらいところですので、現時点ではっきりとした結論を出すのは難しいようです。他方、一時的保存でも複製にあたると解釈される場合は複製行為があることになり、AI利用者が個人であって私的利用のための複製だといえない限り、著作権侵害にあたるおそれがあります。

なお、ここでの話はローカル環境でAIを使用することを想定しています。もしAIへの指示のために入力した画像をインターネット経由で外部に公開する場合には、他人の著作物をインターネット上において無断で公開した場合と同様に、公衆送信として著作権侵害にあたる可能性があると考えられます。

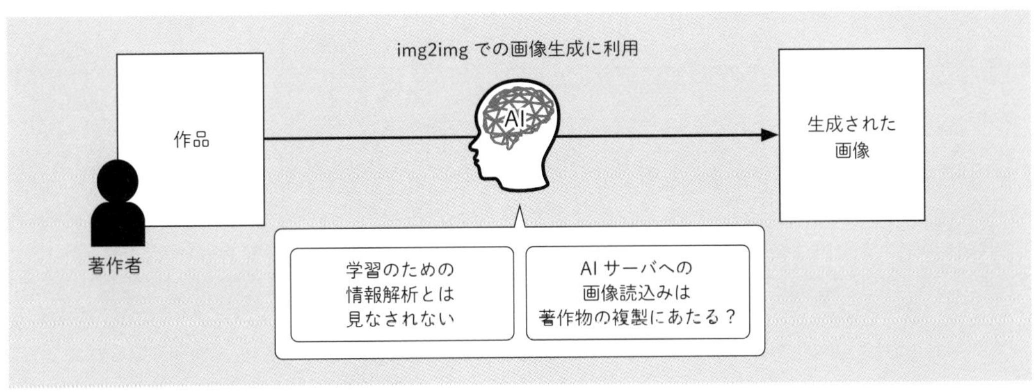

他人の著作物を img2img に利用するのは著作権の侵害か

生成した画像の著作権

（1）著作権が発生する場合とは

まず、AIの使用に関わらず、著作権が発生するのはどのような場合かを見ておきましょう。

著作物とは、「思想又は感情を創作的に表現したものであって、文芸、学術、美術又は音楽の範囲に属するもの」をいいます。イラストが美術の範囲に含まれることは明らかなので、「文芸、学術、美術又は音楽の範囲に属するもの」という部分に当てはまります。そうすると、イラストに著作権が発生するためには「思想又は感情を創作的に表現したもの」である必要があります。

このことは、人間がイラストを描く場合も、AIがイラストを生成する場合でも変わりありません。AIで生成した画像に著作権が発生するのは、AIがイラストを生成する過程で「創作的に表現」したといえるだけの知的活動があるか（いわゆる「創作的寄与」があるか）がポイントとなります。

（2）AIを用いて生成した画像に著作権が生じるか

この「創作的寄与があるか」というポイントは、AIを使用した場合について、次のように考えられています。

①AI生成物を生み出す過程で人の創作的寄与がある場合には、「道具」としてAIを使用したものといえるので、AI生成物には著作物性が認められる

②人の創作的寄与がない場合には、AIが自律的に生成した「AI創作物」になり、著作物と認められない●

●岡村久道「著作権法〔第5版〕」2021年、民事法研究会）42頁以下、内閣府知的財産戦略本部「知的財産推進計画2017」13頁。

実際にAIを利用して画像を出力する場面で考えると、AIへの指示を試行錯誤して、利用者の思い描く表現が出力されるよう工夫したり、複数の生成物から自分の思想感情の表現に合ったものを選択するような場合には、人がAIを道具として使っていることになり、利用者の創作的寄与があると考えられます。また、AIが生成した画像を元に、利用者が自らの思い描く表現になるように仕上げを行う場合（例えば、人物の手は自分で描いたというような場合）にも、利用者の創作的寄与があると考えられます。

反対に、AIに対して極めて簡潔な指示のみを与え、たまたま生成されただけのAI生成物には、著作権はないと考えられます。

こう考えていくと、現状、インターネット上で作品として公表されるようなAI生成画像の多くは著作物にあたるのではないかと思います。というのも今のところ、AIを使って満足のいく画像を生成するには、簡潔な指示だけを与えて1回で成功するとは考えにくく、何度も指示を試行錯誤したり、最後に人の手で表現を調整したりする必要があるためです。

例えば、アメリカ・コロラド州で開催されたファインアートコンテストで、画像生成AI「Midjourney」が生成した絵が優勝したことが話題になりました。この絵の作者は、作品の画像を完成させるために、何百枚もの画像を生成し、何週間にもわたって微調整を行ったと伝えられています●●。このような行為は、著作権法上は、まさに「創作的寄与」と評価されると考えられるので、このAI生成画像に著作権が生じると考えられるのです。

●● Matthew Gault "An AI-Generated Artwork Won First Place at a State Fair Fine Arts Competition, and Artists Are Pissed" (2022年9月1日)（https://www.vice.com/en/article/bvmvqm/an-ai-generated-artwork-won-first-place-at-a-state-fair-fine-arts-competition-and-artists-are-pissed）。

Midjourneyで生成し、アートコンテストのデジタル部門で優勝した作品（https://discord.com/channels/662267976984297473/993481462068301905/1012597813357592628：8月26日14時42分の投稿より）

実在する人物の名前をAIへの指示に使い、その人物そっくりの写真が生成された場合の肖像権の問題

ここまでは、著作権にフォーカスして、AI生成画像に関連する問題を見てきました。

著作権のほか、AI生成画像が関連する法的な権利として「肖像権」があります。例えば、実在する人物の名前をAIへの指示に使って、その人物そっくりの写真が生成されるようなケースです。この場合について、少し考えてみましょう。

肖像権とは、「個人の私生活上の自由の一つとして、何人もその承諾なしに、みだりにその容貌・姿態を撮影されない自由」と理解されています●。AIに関係しないこれまでの議論では、被写体の容貌・姿態そのものが撮影されたり、公表されたりする場面が想定されていました。AIによってそっくりの写真が生成されたというケースでは、その写真に写っている容貌・姿態は、実在する人物の「その容貌・姿態」そのものではありません。このようなケースで、肖像権侵害が成立するかは、現時点では結論が出ていないというほかないように思います。

●最判昭和44年12月24日刑集23巻12号1625頁。

そうすると、現時点では、あまりにそっくりな画像が生成された場合で、特にAIへの指示で意図的にそっくりの画像を生成させた場合には、AI生成画像がその人物の「その容貌・姿態」にあたるリスクがないとはいえないことになります。

そして、「その容貌・姿態」を使用している場合には、被写体の社会的地位、利用の目的、態様、必要性などの事情を総合考慮し、社会生活上受忍の限度を超えるものであれば、公表が違法となる可能性があります●●。そのため、実在の人物そっくりな画像の利用には注意が必要です。なお、仮に肖像権侵害にあたらないとしても、例えば有名人そっくりの画像を使ってフェイクニュースを流すような行為は名誉毀損など、ほかの不法行為になるリスクもあるため、気を付ける必要があります。

●●最判平成17年11月10日民集59巻9号2428頁、東京地判令和2年6月26日判タ1492号219頁等参照。

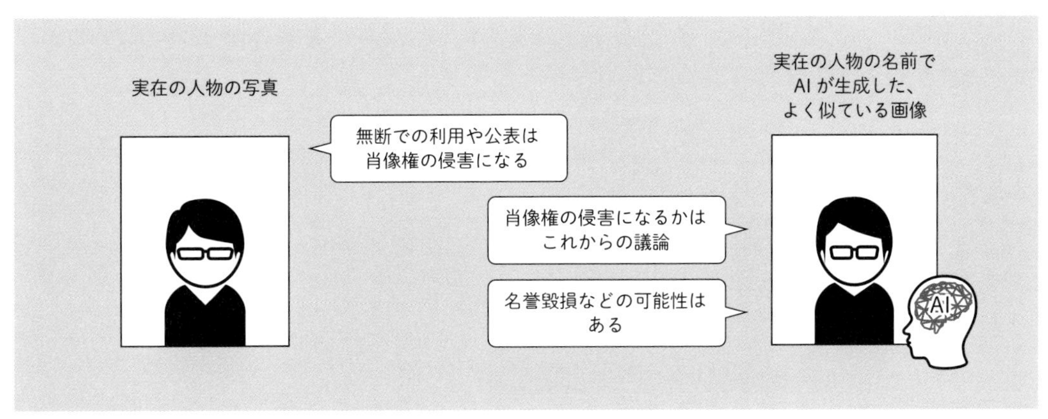
実在の人物の写真
無断での利用や公表は
肖像権の侵害になる
実在の人物の名前で
AIが生成した、
よく似ている画像
肖像権の侵害になるかは
これからの議論
名誉毀損などの可能性は
ある
AI

実在の人物の名前を使ってよく似た画像をAIに生成させると

5-2

深津貴之氏インタビュー「Stable Diffusionは何を可能にするのか」

Stable Diffusionのリリース直前に、そのインパクトをいち早くブログに書き記したUXデザイナー・深津貴之（fladdict）氏に話を伺いました。Stable Diffusionの真のポテンシャルはどんなもので、社会実装が始まる大規模言語モデルはAIと人の関係をどのように変えるのでしょうか。〔2023年12月13日オンライン会議にて収録〕

Stable Diffusion登場の前と後

——Stable Diffusionがリリースされる直前に、深津さんはブログ（noteの記事「世界変革の前夜は思ったより静か」）を書かれていますよね。そのときのお話を聞きたいのですが、以前から画像生成系のAIは使われていたのですか？

「世界変革の前夜は思ったより静か」（https://note.com/fladdict/n/n13c1413c40de）

深津貴之（以下、深津）　Stable Diffusionのリリースは8月でしたが、DALL·E2には6月頃からさわっていたと思います。Disco Diffusionはもっと前から動いていましたし、

Midjourneyも7月にはオープンベータが出ていましたよね。僕はMidjourneyやDALL·E2などは、オープンデータの段階からずっと触っている感じでした。StyleGanなども含めると、もう少し前からになります。

——AIを使った画像出力というと、2015年頃にGoogleが「Deep Dream」を出していますよね。Deep Lerningで学習させたフィルターを使って、悪夢というか、現実にはありえない画像を出力するという。今回のDALL·E2やMidjourney、Stable Diffusionはそれとは異なる仕組みで、人間から見てリアルな良い絵を生成するということなのですよね？

深津　そうですね。いわゆる「CLIPと拡散モデル」を使うことで、テキストを入力して画像を生成する仕組みです。もともとは、OpenAI社がCLIPという言語と画像をつなぐモデルを発表したのが、開発のきっかけです。CLIPは画像とテキストを同じ空間で扱います。どういうことかと言うと、CLIPでは、たとえば「りんご」という文字と「りんごの画像」が近いかといった、距離的なものが測れるのです。CLIPに、高精度での画像生成モデルである拡散モデルを組み合わせて生まれたのが、txt2img系の画像生成AIなのです。

——深津さんのブログは大きく注目されましたよね。

深津　アクセスが20万ビューくらいありましたから、それなりに読まれたと思います。拡散モデルを用いた生成AIは、本当にインターネットの1つの節目になるだろうと思っていたので。

今村勇輔（以下、今村）　僕がStable Diffusionをさわりはじめたきっかけも深津さんのブログでした。DALL·E2やMidjourneyなどの画像生成系のAIの記事も読んでいましたが、そのときは自分でやってみようという気にはならなかったのですよね。一方、Stable Diffusionは自由に使えるし、作れるという話を聞いて、興味を持った感じです。

——なるほど。Stable Diffusionのインパクトは大きかったのですね。深津さんが「インターネットの世界が変わる」と感じた理由を教えてください。

深津　1つはStability AI（Stable Diffusionの開発元）がこれをオープンソースで出したということです。ゲームのルールが変わるなという印象を受けました。これまでは、大きな企業が巨大なAIを作って、中身はさわれないように、見えないようにして儲けるモデルだったわけです。例えて言うなら、中世の時代、貴族が水車小屋を作って、平民に貸して儲けるみたいな。そういうふうに、ビッグAIというと「占有されるもの」「巨大なGPUで作られて庶民はさわれないもの」という概念だったのですが、Stable Diffusionはそのルールを外して、大規模リソースで作ったAIを誰でもさわれるようにしてしまったわけです。

――でも、ビジネスとしてはどのように成立するのでしょうか？

深津　こういうものを作ったという技術力によって案件を受けたり、投資を受けたりという感じで、Stable Diffusionそのものは象徴的な存在に近いのかなと解釈しています。Stability AIはシードで1億米ドル、円換算で120億とか150億の投資を調達しています。

――そういう意味でも新しいやり方なんですね。

深津　こういうふうにオープンに出されてしまうと、大きな企業ほど身動きが取れなくなると思います。GoogleもOpenAIも個人で研究開発している人も、自分たちの成果をどんどん発表しないと先をこされてしまう。でも実際にリリースするには、巨大企業なりの制限や調整があって動けない。結果、ここ数ヶ月は、画像生成系の論文やライブラリだけが、すごい勢いで出てきた状況だったと思います。

――ユーザー側の私たちはどのような影響を受けるのでしょうか？

深津　誰でも絵が作れるというのがまず1つあると思います。「絵が作れる」というのはイメージが湧きにくいと思いますが、誰でも必要とする絵が手に入るというほうが近いかもしれません。そのあたりも含めて、Stability AIは「画像検索のリプレースメント」と表現しています。

今まで、人々は自分が参考にしたい写真や画像をWebの画像検索やPinterestなどのサービスを使って探していました。何か欲しいイメージがあるとインターネットにすでにあるものの中から探していたわけです。それが「探す」のではなくて、「作る」ことができるようになってくる。インターネット中の写真や画像から学習した機械から、です。そうすると、これまでと異なる選択肢があるということですよね。ChatGTPにしても、検索のリプレースになる可能性を秘めています。我々は何かわからないことがあると

Googleでネットを検索します。すると、検索サービスはネットにある、答えが書いてあるドキュメントを見つけて提示してくれます。でも、Chatロボットに聞けば「答え」を教えてくれます。真偽の問題、その答えが正しいかという話はありますが、それでも、検索という概念そのものが吹き飛ぶ可能性がある。これにより、王者Googleをも巻き込むパラダイムシフトが起きるかもしれない。つまり、非常に大きな変化なのです。

——「探す」ではなく「作る」、イメージに合ったものを探すという行為が、言葉を通して作る行為に置き換わるということですね。

今村　たとえばニット帽を編みたいというとき、どういうデザインがいいかなとニット帽の絵を100枚出して、そこから選ぶという使い方ができる。アイデアリソースとして非常に有望ですよね。かわいい女の子のイラストを出すのはほんの一部で、ポテンシャルはそんなものじゃない。アルゴリズム1つで世界がガラッと変わるようなダイナミズムを感じます。

深津　久しぶりにインターネットに新しい概念が来たという感じですね。

——このブームは絵を描く人、描きたい人への影響だと思っていたのですが、もっと大きな変化が起こるということなのですね。

深津　まずは絵を描く人だと思います。そこからパワポのプレゼン資料も含め、全部、そのあり方が変わってくると思います。そうやって、だんだん、それ以外のところも変わってくるでしょうね。

Stable Diffusionは今、どのように使われているのか

——Stable Diffusion、いまも進化を続けていると思いますが、そのスピードはやはり、かなり速いですか？

深津　速いと思います。先ほどもふれましたが、Stable Diffusionはオープンソースなので、世界中の研究者、開発者が面白がって機能を追加したり、リクエストしたりしています。AUTOMATIC1111という人が作っているStable DiffusionのWeb UIは1日に1回アッ

プデートされていますしね。絵の精度もそうですが、この3ヶ月でバージョン1.3、1.4、1.5、2.0、2.1まで進んで、初期のバージョンでは生成に10何秒かかっていたのが、いまは数秒です。次はもう1秒になると言っています。

今村　動作環境も、最初はVRAMが10GB必要とされていたのがどんどん下がって、今は3GBくらいでも何とかなるようになっていますね。

深津　いまはiPhoneのローカルでも何分かあれば動くようになりました。

――現状、どういう使い方が主流なのでしょうか？　日本には確固たる絵描きコミュニティが存在していて、みんな自分の手で描きたいのかなと思っていたのですが、自分で絵を描いているプロ、アマプロ、趣味の人、それぞれツールとして面白いから触っている感じなのですか？

深津　人によると思いますが、トップラインのイラストレーターさん、漫画家さんの話を聞いた感じだと、やはりどうやって使い倒すかというのが優先順位のトップに出ていますね。やはり、プロのトップラインにいる人たちは新しいものを使ってどうやって生き残るかという考えになっているのだと思います。

――Twitterでも、画像生成で作った絵をさらに自分で手を入れて、という使い方をされている人も見かけますよね。

深津　七瀬葵さんですね。大御所の方ですが、積極的にAIを導入した絵作りをされていますよね。

――プロの人たちの使い方がまた面白いですね。

今村　この間、CLIP STUDIO PAINTがStable Diffusionを試験導入すると発表したら、ネットですごい反発が起きて、3日で取り下げたという一件がありましたが、あれは僕は意外な感じがしました。アマチュアの人ほどそういうところを嫌がるのかなと。

深津　そうですね。逆に、トップラインの人たち、漫画家さんとか、こっそり使うという感じだと思います。もう実戦投入している人もいると思います。

今村　プロの人は、自分の仕事がいかに効率よくできるかということを重視しますからね。

深津　自分が会話した範囲では、背景を全部AIに任せられるのかとか、モブキャラを任せられるのか、そういうところに興味がある。

――深津さんも『SFマガジン』(2023年2月号)の表紙用の画像を作られていますよね。

深津　はい。あれは「機械と人間の融合」という直球のイメージで作りました。

「AIでSFマガジンの表紙をつくったメイキング話」(https://note.com/fladdict/n/n6bdf39147aeb)より

――どれくらいの時間をかけて作ったものなのですか？

深津　最終的な候補に上がったのは数千枚という感じで、処理時間を含めたら何十時間とかですかね。ひたすら生成とチューニングをするという感じです。

今村　ご自分で作ったAIで生成されたのですか？　古い絵が出てくるAIというような、ああいうものが自分で作れるのが面白い点だと思います。

深津　プロンプトの生成部分はコード化しましたが、モデル自体はStable Diffusionの1.4です。Stable Diffusionをそのままだとどうしても同じ感じになってしまうので、違うものを作ったほうが楽しいですね。ただ、自分用に改造するときもどこまでが倫理的に安全なのかの見極めが難しいところがありますよね。ちょっと安全運転しようと考えると、古典絵画をどう解釈するかというあたりが一番面白いです。そんなことを考えながら淡々と研究しているという感じです。

――深津さんが、生成系AIを使うときに気をつけていることはありますか？

深津　第1に、生きている作家の名前を使わない（意図的に作風を寄せていかない）。第2に、現役のイラストレーターの産業を直接破壊しない。要は、普通のイラストレーターさんが5万円で仕事をしているときに、僕が1000円で受けるみたいなことはしないということです。

――こうした新しい技術をツールとして使うときには、そこが必要になってきますね。

今村　職業倫理ですね。

深津　人によって、ラインは変わると思いますが、それはあったほうがいいと思っています。

今村　以前のStable Diffusionの公式モデルには、最近のイラストレーターの名前を入れるとその画風がかなり再現されてしまうという問題がありました。単純なプロンプトでも、その人たちの絵柄を借りていい感じになって生成される、という。でも、2.0になると存命中の画家やイラストレーターの名前は入れても出てこなくなっているようですね。

深津　まだ、学習データから外しているわけではないと思います。2.0のタイミングでOpenAIのCLIPからOpen CLIPに変えていて、その結果、知っている単語が違うから、その結果、たまたまそうなっているのではないかなと思います。学習データの部分ではなく、言語化の部分です。

今村　Open CLIPはあまりイラストレーターの画風を知らないということですか？

深津　あまり知らないのではないのかな、と感じています。レンブラントが出せるか、ゴヤが出せるか、ダリが出せるかとやっていくと、古典絵画の画風も全然出なかったりしますね。

——今後、Open CLIP が学習していったら覚えていくということもあるのですか？

深津　ただ個々のエレメントを覚えるわけではないので。生成されるものも、僕らが村上春樹風の文章を書く程度の感じです。特徴がわかるからといって、村上春樹の文学が作れるかというとそういうわけではないので。それくらいの距離感なので、そこまで恐れるものではないですよね。

——確かに。プロのイラストレーターさんにしても、「××風に描いてください」と言えば描けるスキルがあるわけですし。それを AI は何も考えずにやってしまうのだと思えば。

深津　AI が悪いというよりは、やらせる人間が悪いですよね。「××の作品をパクって」という注文をしたら、通常、AI だろうが人だろうが NG ですよ。誰でも注文ができるようになったから、まだ行儀や作法がわからない人が注文しているという状況なのだと思います。

AIと人はどう共創していくのか

——深津さんは今後、どのように状況が動くと思われますか？

深津　見どころは Adobe や Google が参戦してくるか、ですね●。Adobe がいまやろうとしているのは倫理的な AI という形での攻め方です。Adobe が使うのは100％権利保証されている学習ソースで、クリエイターにお金が流れる仕組みになっている。他はそうじゃないよねという形で攻めてくると思います。Google は、Google Books とか過去の流れを見ると、検索結果を使うのはフェアユースの範囲内という話を出してくるのではないかと思います。ただ、Google の場合は出力側をどうするかが課題で、Google にとってはリスクが高いですよね。自分たちの検索という価値を壊すテクノロジーなので。

今村　Google は画像生成の AI は作っていますが、こんなものが出せますよと見せるだけ

●このインタビュー後、Google は AI 市場に対する「コードレッド（緊急事態）」を宣言、ChatGPT（OpenAI）や対話型 AI 検索エンジンの Bing（マイクロソフト）に対抗する対話型 AI「Bard」を2023年2月に発表した

で、モデル自体を他人が使えるようにはしていません。リスクが高いからという言い方をしていますが、自分たちにとってのリスクが一番高いでしょうね。

——それをOpenAIが出せたというのは、そこで商売をしていないからということですね。一方、その先で人が何をしたらいいかについては、ちょっと悩みそうですね。

深津　同じようなことはGoogle検索が登場した頃も言われていました。しかし、変わったとしても、それなりの使い方や生き方が見つかる気はしますね。

——人間はAIとどう付き合っていけばいいと思いますか？

深津　いまのところは、所詮はただの道具なので怖がる必要はないですよ。道具は最初に導入した人が有利だし、一番楽しいので、早めに使えばいいと思います。食わず嫌いにならずに、触ってみるといいと思います。

今村　確かにそうですね。「AIなんて」と思っている人ほど使ってみてほしい。こういうことができるけど、こういうことは苦手なんだなということがわかってくれば、過剰に恐れる必要もなく、付き合い方がわかってくると思います。

——AIという言葉自体を怖がっているところがありますよね。画像生成系のAIにしても、Twitterとかにアニメ風な絵があふれてしまうと自分には関係ないと思ってしまう。でも、ポテンシャルはもっと広いということですね。

今村　そこに未来を感じてほしいですね。最近、ChatGPTの登場で、「AIはすごい」と普通の人たちも気づいてくれたと感じています。ChatGPTもそうだし、今後そういう、まさに破壊的な便利さを提供するものが出てくるはずなので、それがすごく楽しみです。

——最後に、読者の方にメッセージを。

深津　まださわっていない人がいたら、とにかく使ってみてほしいですね。DreamStudioとか、サーバサイドのサービスもたくさん出ているので、ぜひ。

〔聞き手：大内孝子、今村勇輔　構成：大内孝子〕

深津氏自身がAIで生成した自画像
（https://twitter.com/fladdict/status/1579670980511043585より）

深津貴之（ふかつ・たかゆき）

インタラクション・デザイナー。株式会社thaを経て、Flashコミュニティで活躍。独立以降は活動の中心をスマートフォンアプリのUI設計に移し、クリエイティブユニットTHE GUILDを設立。メディアプラットフォームnoteのCXOとして、note.comのサービス設計を務める。
執筆、講演などでも勢力的に活動。

人間のポーズを自由に作れる「ControlNet」

画像生成AIには新しい技術が毎日のように登場していて、今までできなかったことが新しいソフトウェアで簡単にできるようになることもあります。
人体の描写が苦手とされていた画像生成AIの世界にセンセーションを巻き起こしたのが、2023年2月に登場した「ControlNet」という手法です。これは画像から輪郭線や人間のポーズ、全体の奥行き情報などを読み取り、新しい画像の生成にフィードバックさせるものです。
その効果は絶大で、自由なポーズの画像を簡単に出力できるようになりました。

ControlNetの作例（https://github.com/Mikubill/sd-webui-controlnetより）。左が元の画像、中央がControlNetの認識結果、右がそれをもとにStable Diffusionで生成された画像）

Stable DiffusionでもControlNetを利用できます。「拡張機能」タブの「拡張機能リスト」から「読込」ボタンをクリックし、「sd-webui-controlnet manipulations」をインストールします。
詳しい使い方を解説する紙幅はありませんが、ネットを検索するなどして体験してみてください。

付　録

プロンプト単語帳

画像生成AIのプロンプトに使える用語を集めました。プロンプトを組む参考にしてください。作例の画像はStable Diffusionの公式学習モデル（バージョン2.1）で出力しています。

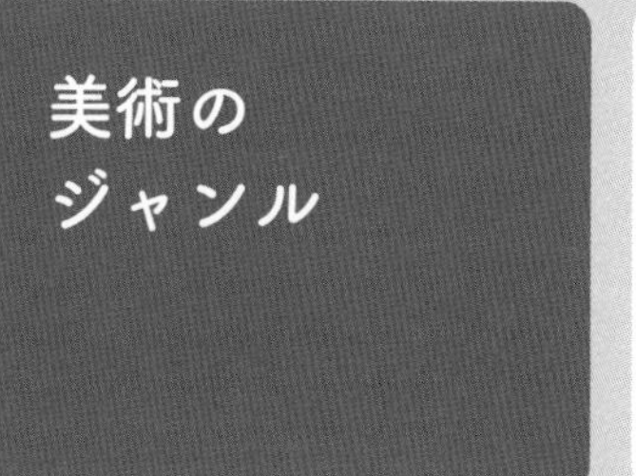

ゴシック
gothic

マニエリスム
mannerism artwork

バロック
baroque

ロココ
rococo

新古典主義
neoclassicism

印象派
impressionism

ナビ派
les nabis artwork

キュビズム
cubism

アール・ヌーボー
art nouveau

アール・デコ
art deco

前衛芸術
avant-garde

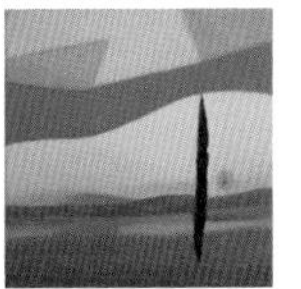

分色主義
divisionism

浮世絵
ukiyoe

琳派
rinpa school

宗教画
religious painting

静物画
still life painting

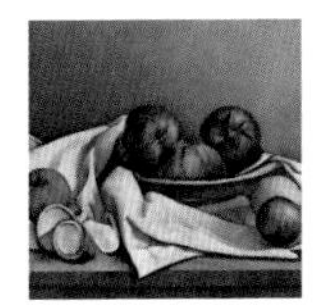

ボタニカルアート
Botanical artwork

ポップアート
pop-art

メンフィス・スタイル
memphis style

構成主義
constructivist artwork

脱構築主義
deconstructivism

カラーフィールドペインティング
color field painting

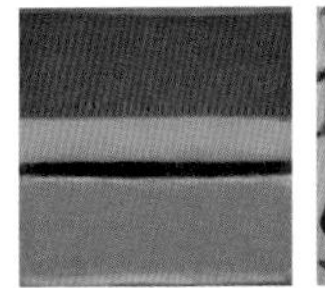
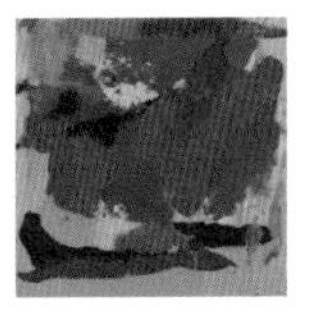

細密画
illuminated manuscript

カリグラフィ
calligraphy

SFアート
sci-fi art style

オプアート
op art

スクラッチアート
scratch art

 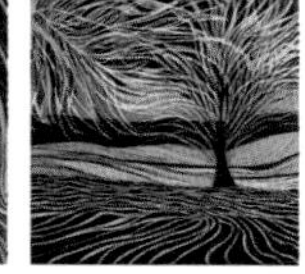

地図製作
cartographic

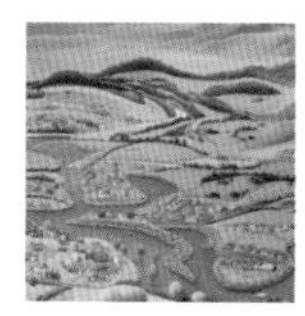 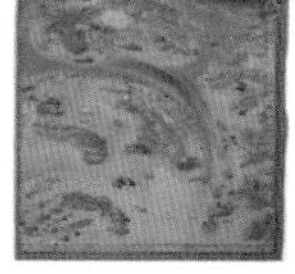

ストリートアート
street art

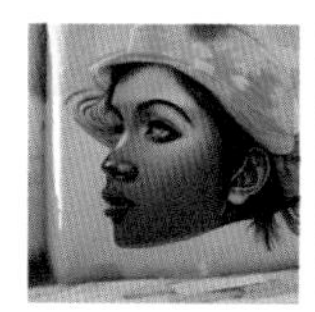 

チベット絵画
tibetan painting

リトグラフアート
lithography art

リノカットアート
linocut art

デ・スタイル
de Stijl art style

 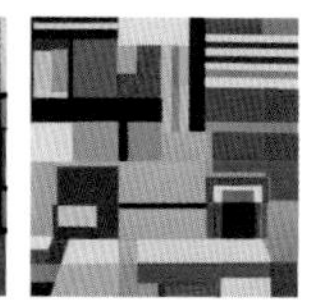

幾何学的抽象
geometric abstraction

ファインアート
fine art

民芸
folk art

バイオパンク
Biopunk

ロウブロウアート
lowbrow artwork

壁画
mural

岩絵
rock art

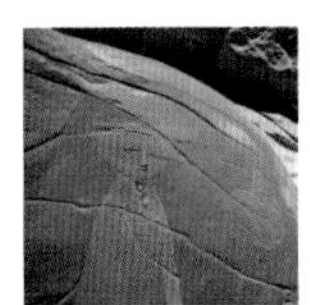

洞窟壁画
cave wall prehistoric art

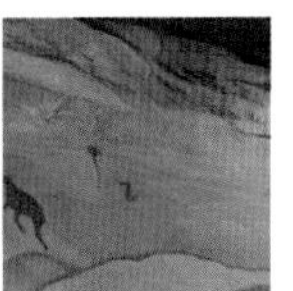

画材・素材

油彩画
oil painting

水彩画
watercolor painting

パステルアート
pastel art

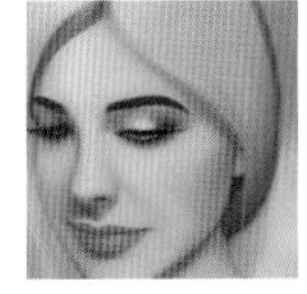

クレヨンスケッチ
crayon sketch

鉛筆画
pencil sketch

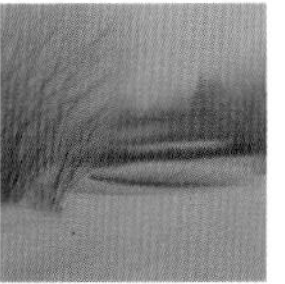

色鉛筆アート
colored pencil

木炭スケッチ
charcoal sketch

チョーク画
chalk art

マーカーアート
marker art

フレスコ画
fresco

ボールペン画
ballpoint pen art

カゼインペイント
casein artwork

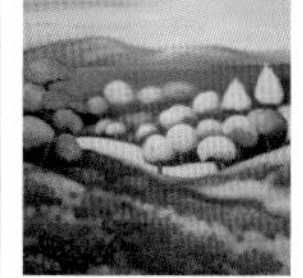

エアブラシ
airbrush

木版画
woodcut

創作版画
sosaku hanga artwork

ステンドグラス
stained glass

エッチングアート
etching art style

エンカウスティック絵画
encaustic artwork

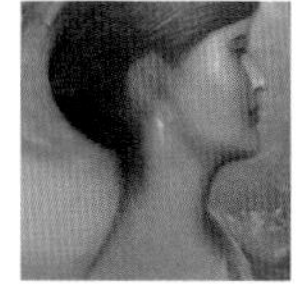

ドライブラシ
drybrush art sample

ガラス絵の具
glass paint

モザイク
mosaic

折り紙
origami

パフィーペイント
puffy paint

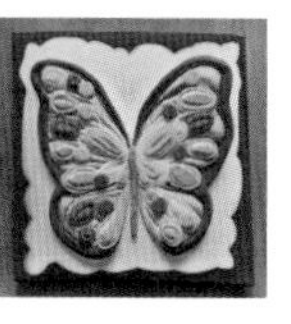

切り絵
papercutting

刺繍
embroidery

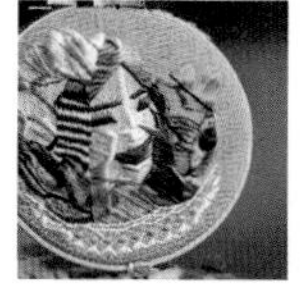
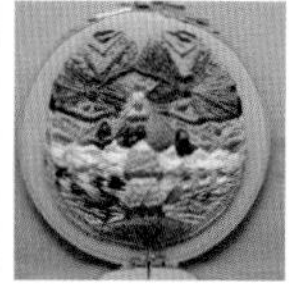

絨毯
carpet art

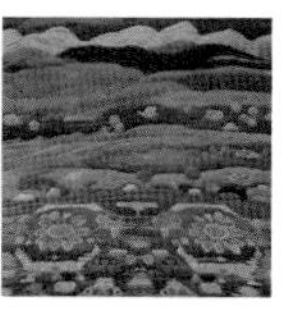

水墨画
chinese ink painting

タペストリー
tapestry

レリーフ
relief artwork

七宝焼
cloisonne

砂
sand sculpt

大理石
marble statue

銅像
bronze statue

粘土
clay statue

ブラッシュドメタル
brushed metal statue

クレイアニメ
claymation

ラテアート
latte art

画法・技法

点描
stipple

コラージュ
collage

é などは e と入力すれば認識されます

シルエット
silhouette

グリザイユ絵画
grisaille artwork

クロスハッチ
crosshatch

インパスト技法
impasto

wet on wetアートワーク
wet on wet artwork

Keum-booテクニック
keum-boo gilding technique

明暗法（キアロスクーロ）
chiaroscuro

ラインアート
line art

ドット絵
dot art

 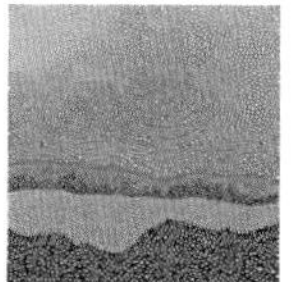

ピクセルアート
pixel art

ローポリゴン
low poly

ホログラフィック
holographic

画家・イラストレーター

サンドロ・ボッティチェッリ
Sandro Botticelli

ヒエロニムス・ボス
Hieronymus Bosch

 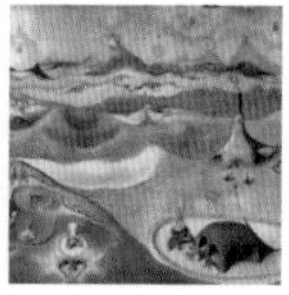

レオナルド・ダ・ヴィンチ
Leonardo da Vinci

ラファエロ・サンティ
Raffaello Sanzio

ミケランジェロ
Michelangelo

エル・グレコ
El Greco

レンブラント
Rembrandt

ヨハネス・フェルメール
Johannes Vermeer

ヘリット・ベルクヘイデ
Gerrit Berckheyde

フランシスコ・デ・ゴヤ
Francisco de Goya

ウィリアム・ターナー
JMW Turner

ウジェーヌ・ドラクロワ
Eugene Delacroix

ドミニク・アングル
Dominique Ingres

ギュスターヴ・クールベ
Gustave Courbet

エドゥアール・マネ
Edouard Manet

フィンセント・ファン・ゴッホ
Vincent van Gogh

イヴァン・アイヴァゾフスキー
Ivan Aivazovsky

ポール・ゴーギャン
Paul Gauguin

ポール・セザンヌ
Paul Cézanne

アンリ・ルソー
Henri Rousseau

エドガー・ドガ
Edgar Degas

エゴン・シーレ
Egon Schiele

グスタフ・クリムト
Gustav Klimt

オーギュスト・ルノワール
Pierre-Auguste Renoir

アメデオ・モディリアーニ
Amedeo Modigliani

 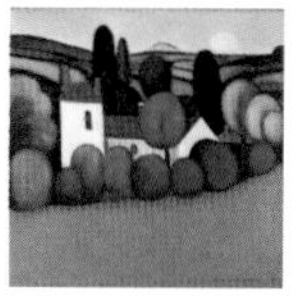

ジョン・シンガー・サージェント
John Singer Sargent

クロード・モネ
Claude Monet

アルフォンス・ミュシャ
Alphonse Mucha

エドヴァルド・ムンク
Edvard Munch

ピエト・モンドリアン
Piet Mondrian

 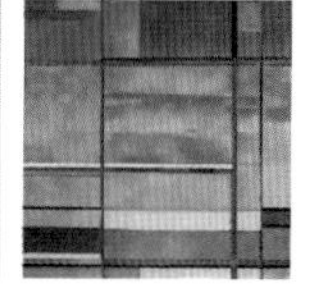

ワシリー・カンディンスキー
Wassily Kandinsky

アンリ・マティス
Henri Matisse

 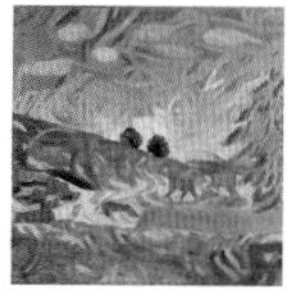

éなどはeと入力すれば認識されます

フリーダ・カーロ
Frida Kahlo

ジャクソン・ポロック
Jackson Pollock

エドワード・ホッパー
Edward Hopper

ルネ・マグリット
Rene Magritte

マウリッツ・エッシャー
MC Escher

パブロ・ピカソ
Pablo Picasso

ジョルジョ・デ・キリコ
Giorgio De Chirico

ジョアン・ミロ
Joan Miro

ジョージア・オキーフ
Georgia Okeeffe

アンディ・ウォーホル
Andy Warhol

ジャン＝ミシェル・バスキア
Jean Michel Basquiat

サルバドール・ダリ
Salvador Dalí

キース・ヘリング
Keith Haring

ジャック・カービー
Jack Kirby

ロイ・リキテンスタイン
Roy Liechtestein

H.R.ギーガー
H.R. Giger

テリー・レドリン
Terry Redlin

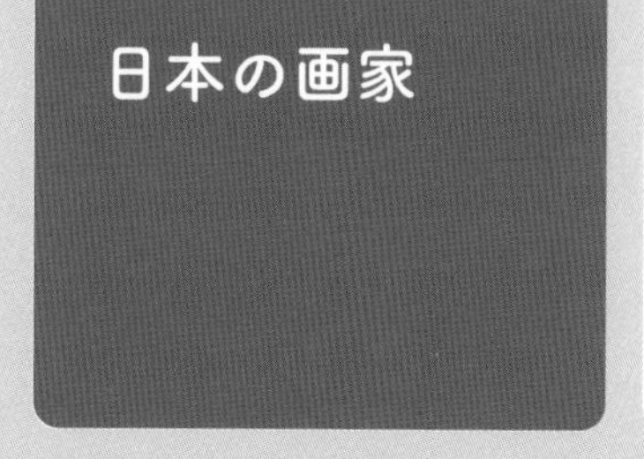

日本の画家

長谷川等伯
Hasegawa Tōhaku

俵屋宗達
Tawaraya Soutatsu

尾形光琳
Ogata Kōrin

喜多川歌麿
Utamaro

東洲斎写楽
Sharaku

葛飾北斎
Katsushika Hokusai

歌川広重
Utagawa Hiroshige

岸田劉生
Ryūsei Kishida

川瀬巴水
Kawase Hasui

横山大観
Yokoyama Taikan

東山魁夷
Kaii Higashiyama

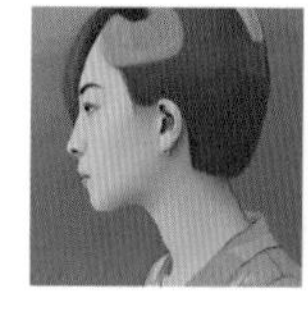

色調

白黒
monochrome

セピア調
sepia

アングル

クローズアップ
closeup

バストショット
bust shot

カウボーイショット
cowboy shot

カメラ目線
looking at viewer

あおり
shot from below

俯瞰
shot from above

アイソメトリック
isometric

自撮り
selfie shot

レンズ・カメラ

魚眼レンズ
fisheye lens

 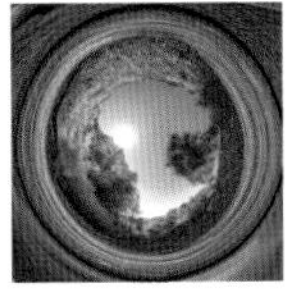

広角レンズ
wide-angle lens

ティルトシフトレンズ
tilt-shift lens

マクロレンズ
macro lens

暗視カメラ
night vision

図版・印刷物

インフォグラフィック
infographic

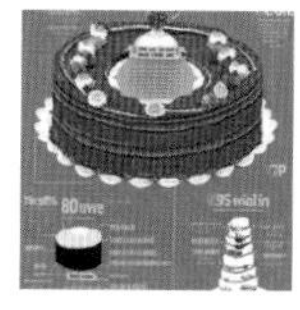
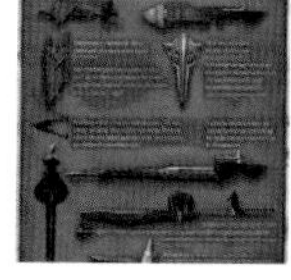

図表
diagram

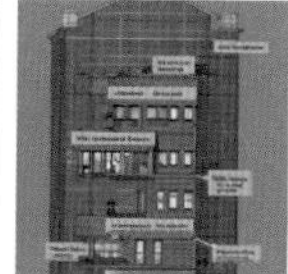

図録
illustrated book

設定資料
reference sheet

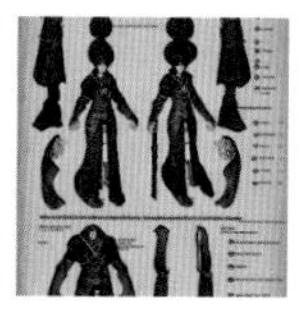

特許図面
patent drawing

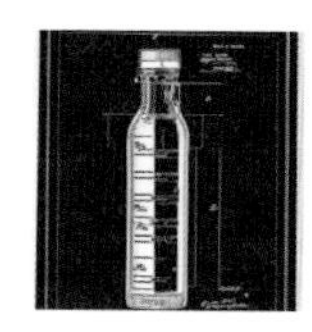

ブループリント
Blueprint

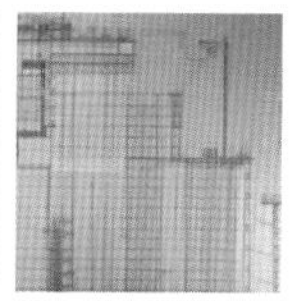

レコードジャケット
record album cover

雑誌の表紙
magazine cover

時間帯

夜明け前
before dawn

夜明け
dawn

早朝
early morning

日の出
sunrise

朝
morning

昼間
daytime

正午
noon

午後早く
early evening

午後
afternoon

たそがれ時
twilight

日暮れ前
before dark

日没
sunset

日没後の明かり
gloaming

日の出前／日の入り後
golden hour

夜
night

深夜
midnight

空

月夜
moonlight

入道雲
cumulonimbus

ライティング

HDRエフェクト
hdr effect

逆光
backlight photo

グレインエフェクト
grain effect

ハイキーライト
high key light

光の屈折
light diffraction

ブロードライト
broad light

背景のボケ
bokeh effect

ライトブルーム
bloom light effect

レンダラー

Octaneレンダラー
octane render

Cyclesレンダラー
cycles render

VRayレンダラー
vray

Unity Engineレンダラー
unity engine

Redshiftレンダラー
redshift render

Rendermanレンダラー
renderman

アニメ・マンガなど

かわいいアニメ
kawaii anime

チビキャラ
chibi anime

グラフィックノベル
graphic novel

ノベルゲーム
visual novel

絵本
storybook illustration

児童画
children drawing artwork

塗り絵
coloring sheet

事項索引

数字

A-Z

あ行

か行

さ行

プロンプト索引

■編集協力　青山 祐輔、大内 孝子、松下 典子
■ブックデザイン　二ノ宮 匡（nixinc）
■DTP・図版作成　西嶋 正

Stable Diffusion AI画像生成ガイドブック

2023年 4月10日 初版第1刷発行

著　者　今村 勇輔、比嘉 康雄、五十嵐 良平
発行人　片柳 秀夫
発行所　ソシム株式会社
https://www.socym.co.jp/
〒101-0064 東京都千代田区神田猿楽町 1-5-15 猿楽町 SS ビル
TEL 03-5217-2400（代表）
FAX 03-5217-2420
印刷・製本　シナノ印刷株式会社

定価はカバーに表示してあります。
落丁・乱丁は弊社編集部までお送りください。送料弊社負担にてお取り替えいたします。
ISBN978-4-8026-1405-4